不被欺负的力量

让3—7岁孩子无惧社交的心理技巧

陈敏莹 著

中国工人出版社

推荐序

帮助孩子获得有勇气的力量，成为强大的自己

很多生活经验告诉我们，幼儿园中，欺负与被欺负比较常见。当孩子跟家长表达自己“被欺负”了，家长要如何做才能帮助孩子认识自己的感受、找到应对的方法、获得自己有勇气的力量、发展出强大坚韧的人格？在这本书里，相信家长可以寻找到答案。

曾经有一位朋友告诉我，她小时候被欺负，妈妈发现后立刻采取行动，帮她跟老师和对方家长沟通，教她很多防护技巧，还买玩具来安慰她……妈妈做了很多事，但是这种包办的态度虽然解决了问题，却没有让她觉得自己有能力保护自己，内心的弱小感还是挥之不去。而且她发现每次她被欺负时，妈妈会很失望、担心，不停地唠叨：“我辛辛苦苦为你做了那么多，你不要再那么弱，不要再被别人欺负了！”“你要有出息啊！究竟有没有按我说的去做？”

这位朋友长大后一直缺乏勇气让自己过得更好，她爱讨好他人，困惑于职场上的人际关系。在与人发生冲突时，童年被同龄人欺负、被妈妈逼迫改变的感受总是被重新激活。每次她都会选择委屈地退让，无助感让她陷在情绪之中，没有办法表

达自己的感受、看清对方的需求，更没有办法达到双方的共赢。

我想，如果朋友的妈妈当时有条件学习儿童心理知识，能洞悉孩子被欺负的原因，掌握正确的引导方法，局面可能会大有不同。这时，她的眼中能够真正看到孩子被欺负时的感受和心理需求，也会看到孩子在解决冲突时的困境，找到适用的方法和孩子一起解决问题。这样，孩子自然会逐渐强大起来，拥有属于自己独特的价值感，从良好的关系中发现自己的存在，具备面对困境的力量。

这本书通过心理分析、实操方案、亲子游戏、沟通模式等，让家长打开格局，获得宝贵的觉察、成长和改变。作者不是要帮助家长发展出种种强硬的对抗方法，而是一层层地打破传统思维的围墙，最终破除掉我们最核心的伤痛。

每个篇章由心理知识和个人思索交织起来，蕴含着独特的视角，我们在现实生活中所遭遇的孩子的社交困境，都能在这本书中得到共鸣、找到希望。

愿家长们在亲子关系中，帮助孩子找到与世界和平相处的方式；愿家长们拥有一颗没有分别的慈悲心，就像作者说的“平等”一样，以生命看待生命，而不是区别对待欺负者与被欺负者，他们同样需要我们帮忙；愿家长们遵循儿童心理的有序发展，而不是视他们为缩小版的大人，凡事要求高效；愿家长们拿得起，放得下，有担当，跟孩子一起做发光的自己。

田宏杰

2023年6月16日

前　言

孩子内心隐秘的一角，需要家长慢慢揭开

“我跟小林一起玩的时候，他总是抢我的玩具还打我。”

“他们说不跟我玩了，也让其他人都不跟我玩。”

“每天排队时泽泽就是抓住我不放，很痛！”

“关关总说我是丑小鸭，我真的很丑吗？”

家长可能会发现，当孩子踏入幼儿园这个小社会后，社交不再像以前那样一直保持愉悦。随着性情逐渐显露和自我意识不断加强，孩子之间的排挤、嘲笑、攻击、起绰号、戏弄等现象会越来越频繁。而有一部分孩子无法从容地应对，不敢表达自己的真实想法、不敢反抗他人的意愿和观点、不敢直面社交冲突，只能默默忍受。

面对这种情形，身为家长的我们能做些什么呢？我想，除了给予孩子及时的爱与支持，我们更有必要去了解孩子被欺负背后所隐藏的重要信号。只有这样，才能帮助孩子勇敢面对社交冲突，学会解决问题的方法，收获在集体中生活的自信与勇气。

我们经常听说：“刚出生的孩子就像一张白纸。”事实上并

非如此。

受到遗传状况、家族基因、血型类别的影响，每个孩子的气质是与生俱来的。加上家庭环境、后天教育、身体健康等因素，不同孩子的心理和性格发展差异非常大，所以在社交中会表现出不同的状态，而这种情绪体验的差异性在孩子被欺负的过程中尤为明显：有的孩子表现出逃避、惊慌、无助失望、不知所措；有的孩子则会果敢地站出来应对问题，面不改色，积极主动地表达自己的意愿，坚持自我，懂得拒绝。

上述不同的情绪表达并没有什么好坏之分，更不能凭此把孩子定义为“胆小懦弱”或“不好惹”。如果把孩子的个性看作是多种多样的种子，那么他们的社交反应好比开出的花，有些是内敛隐忍的桂花，有些是锋芒逼人的牡丹，有些是冷淡不屑的兰花，有些是大气豁达的扶桑……

尽管我们看到有些孩子在被欺负时不会挺身而出、主动还击，而是花更长的时间和更大的力气去退守自己的位置，事实上，他们很可能在私底下认真地识别他人的异常和动态，洞幽察微、保全实力，寻找自己那发光发亮的位置，为之后的“出奇制胜”蓄势待发，他们的做事模式是“以慢打快”“厚积薄发”。

这时，如果家长能够理解孩子的“立身之本”，信赖他们能在被动性与战斗力之间缓慢切换，那么孩子在社交中往往能更快速地成长，更好地解决被欺负的问题，走向光明的社交园地；如果家长肤浅地嫌弃孩子丝毫没有能力优势，给孩子贴上受害者的标签，那么孩子会像气球那样一戳就破，鼓不起勇气来面对欺负者。

除了个性特点，孩子正常的精神需求没有得到满足，在社交中也很有可能会处于被动状态。

回想一下，当孩子们一起玩过家家游戏时，哪些角色是最受欢迎的呢？不是宝宝，不是弟弟妹妹，而是爸爸妈妈，对吗？当孩子们一起玩小老师游戏时，哪些角色孩子们都争着要担当呢？不是坐在下面的学生，而是站在讲台中心的教师，对吗？

著名心理学家阿德勒认为，每个人天生都自带不同程度的自卑感，我们终其一生，都在做出各种努力来超越自卑、摆脱自卑，孩子也不例外。所以，对于上述的游戏，孩子会更倾向于扮演父母、老师这些高大权威的角色作为心理扶持来克服内在的自卑感。

如果家长重视孩子的精神需求，帮助他们克服与生俱来的自卑感，丰沛的安全感和内部能量足以能支撑他们的社交活动。相反，如果家长对孩子的精神需求缺乏重视和接纳，那么孩子的自卑感会不断地涌现，从而在社交当中很难感受到个人价值，逐渐失去自我。可以这样说，家长与孩子的关系就是孩子人际关系的雏形。

甚至，如果家长对孩子实施不同程度的伤害，在他的成长中留下残缺不全的痕迹，例如当众责骂孩子，在孩子面前不断地吵架、埋怨。又例如常用暴力来对待孩子，用不理智的手段来克制问题或者放大问题等，都会让孩子内心充满自卑。他们会根据这样的家庭经历，将朋友看成会伤害自己的对立面，然后模仿着进行“攻击”。这时候，孩子在社交中可能表现得“强势”，但是当其他孩子并不害怕，做出勇敢的反抗时，他们就会反过来被欺负，甚至成为集体“报复”的对象。

除此之外，家庭的溺爱同样会压制和束缚孩子的对外力量。

例如，孩子想自己整理床铺，家长为了帮他节省时间，于是代为整理。这个过程中孩子并不开心，因为家长剥夺了他的真实体验和探索过程。孩子的自我成长被父母包办代替了，丧失了专属于自己的力量和情感。

孩子长此以往被迫沉浸在不用思考、不用动手的环境中，会慢慢对解决问题产生逃避心理，变得没有主见，避免抗争，以别人的意志为主导。他们经受不了冲突，不懂处理问题，不自信、不独立、情绪化，因此也容易引起其他小孩的不满，陷入被孤立的境地。他们对“被欺负”特别敏感，即使同伴只是做了一些可以忽略不计的小事，也会让他们觉得郁闷，不能敞开心扉去接纳他人。

所以，溺爱实质上是一种“软”暴力。

其实，对于3—7岁的孩子来说，欺负者与被欺负者是平等的。欺负者同样没有掌握社交技巧，被欺负者也并不需要被怜悯，他们真正需要的是温和且有力量的应对方法，让自己拥有来自更高层面的价值判断、心理承受能力和克服困难的勇气。

本书旨在让孩子成为社交棋局里一名自主的棋手，而非一枚被操纵的棋子；让家长在阅读中明白教育的本质，洞悉孩子的生命剧本，挖掘出个性化的理论和方法。

书中会详细讲解家长所需要了解的心理知识，即如何通过儿童心理学原理洞悉被欺负的真相，并在此基础上引导孩子认知事件，定位角色，掌控情绪；提供尽可能简单且强操作性的方法，旨在突破心防、玩中乐学，让家长更好地结合实际情况帮助孩子化解社交问题和心理暗礁，同时拯救困惑于原生家庭的我们。

孩子在社交中的弱小是从童年开始的，强大也是从童年开始的，这跟家长给予孩子的心理能量多少有关。所以，我们需要重新认识和建构自我，带着觉察走出禁锢，帮助孩子找到每段社交关系中既能相互看见又彼此平等的方式。

陈敏莹

2023年6月于我最爱的广州

目录

第一章

挖掘事实细节，理性认清真相

被欺负是真实还是另有隐情?

班上的音乐响起，孩子们都排起队准备拿呼啦圈做早操。皮皮是个高大结实的男孩子，性格急躁冲动的他在不经意间一转身一伸手都会推挤、碰撞到旁边的孩子，而他并没有意识到，还沉浸在自己的世界里。

这时候，我们猜猜孩子们的反应是怎样的?

有些孩子反应会很大，可能直接还手，也可能落泪痛哭，马上向老师告状，或者自己在一旁生闷气；有些孩子却相反，会认为这是一种很好玩的游戏，嬉皮笑脸地“还击”皮皮，想跟他“对决”一番，又或者以逃走来示意皮皮继续来追打自己；还有些孩子觉得无所谓，也不屑一顾，自顾自地继续排队。

再往后会发生什么呢?那些反应大的孩子很可能回到家后就跟家长说：“今天皮皮在排队时又把我给打哭了！太可恶了！”“皮皮推倒我了，我跟老师告状也没用，他还是会不断地推我！”“皮皮又来欺负我了，但妈妈你放心，我还手了！”“皮皮打了班上所有人，可讨厌了！”

有些家长会着急万分地说：“那个皮皮实在太不像话了！以后不要跟他玩！”“怎么你天天被皮皮欺负呢？记得下次要还手啊！”“老师怎么不处理这些爱打人的孩子呢！”然后隔三岔五地问孩子，今天有没有又被皮皮欺负；有些家长会从容淡定地说：“也许皮皮有什么原因弄到你了，你有跟他说要注意一下吗？”在共同探讨方法之后就再没有主动跟孩子提起这件事情了；有些家长在听完孩子的倾诉后不作出任何回应，像完全感受不到孩子的困扰一样。

那些反应大的孩子，刚好他们的家长反应也很大的，或者选择完全忽视的，就会继续陷入“被欺负”的旋涡，激化了原本并不边缘化的社交关系，深化了自己是受害者的倾向。

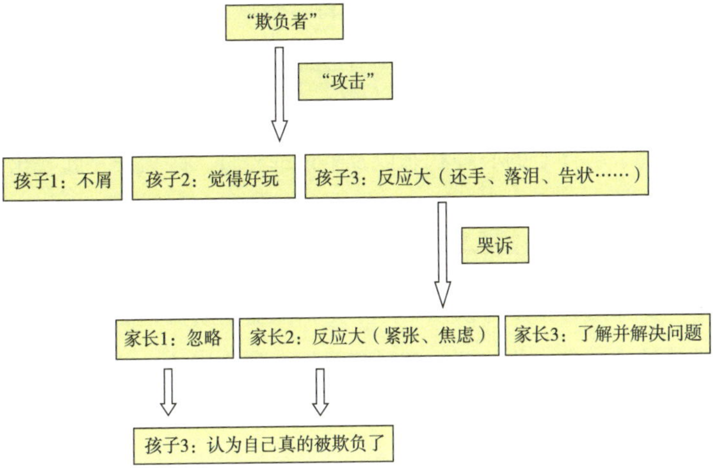

跟上述案例相类似的事件其实真的很多，不要说在幼儿园，就是在小区、公园、兴趣班里，只要有孩子和家长的地

方，这样的社交互动和心理过程都会存在。

同一个行为，因为“受欺负者”的理解、情绪、心态、观念不同，甚至是家长的见解、价值观、学识不同，事件的结果也有很大的差别，整个过程所带给孩子的感受、压力和影响也或深或浅。我们需要剥开角色和事情一层又一层的“面目”，到最后才能了解真实的状况是怎样的，对方是怎样的一个人，但剥开的过程会因不同家庭特性而异。

事实上，“被欺负”可能真的是被欺负了，像被故意强烈攻击或推搡、嘲笑或戏弄、威胁或辱骂、排挤或漠视等；“被欺负”也可能不是真的被欺负，而是在感觉上不好受，情绪上难过委屈，纯粹感觉自己被欺负了，像被无意地推搡、碰撞，受到伙伴的批评、说笑、不理会等。

所以，家长要成熟理智地看待“被欺负”，不能太过焦虑紧张，但也不能忽略随意，孩子所说的话我们要接纳并相信，这并不等于盲目地全盘肯定，以偏概全地认定孩子吃了大亏，而是要了解孩子的心理状态以及事情的经过，跟孩子一起找出“被欺负”的原因和解决方法，共情和抚慰委屈的心情，让孩子重新找回友谊的快乐。

要知道，很多时候孩子并不是真的受到欺负，而是遇到正常的社交冲突，这些都是孩子需要探索和经历的，尤其是如今被保护得严严实实的孩子，他们要学着如何智慧地适应幼儿园这个小社会，深入感受集体的力量，包括那些不尽如人意的小摩擦、带来痛楚的大难题。

误认为“被欺负”的原因	触发点	结果
以个人为中心	在幼儿园里，一切都要听老师指挥	爆发抵抗情绪，把小打小闹看成真正的伤害
触觉敏感，对外界环境反应过于强烈	同伴在旁边稍有动静，或者与同伴有肢体接触	感觉自己被盯上、被欺负了
想象力丰富	看到其他孩子被推搡或被打	把角色身份转移到自己身上，认为自己就是被欺负的那个
从家长那里获取了暗示（点头、皱眉、埋怨等），对自己是弱者的身份认同	与同伴发生冲突	明确自己必定是“被欺负者”，即使在冲突中并没有这种感受

有时候“被欺负”的情景容易被孩子加工得面目全非，与“被欺负”的事件发生时间相隔越长，孩子的描述就越不真实。孩子的错误记忆之所以会随着时间的增长而增强，是因为他们难以找到存储在记忆中的信息的位置，并且受到各种日常信息片段的干扰，导致原来准确的信息被遗忘掉了。所以孩子所说的“被欺负”，主观意愿所带来的水分会很多，尤其是发生在几天前的事件，以及孩子的描述中带有“好像记得他当时……”等类似的句子。

带过孩子的家长都会发现，很多时候孩子前几天跟家长说某某欺负了自己，今天就会说某某跟自己又成了好朋友了。这种“社交起伏”是由孩子的特性所决定的。他们情绪变化快且多样，也容易受到周围事物的影响，心智不稳定，是非观不确切，能从十分气愤的社交情景中迅速恢复过来，但一般来说家长要比孩子“记仇”得多，如果我们忘记了自己本身的宽容与胸怀，那么损害的正是孩子们之间的友谊。

有些好动的孩子爱左右扭动、蹦蹦跳跳，只是为了开心好玩，但过程中很可能站不稳而跌跌撞撞，跑得太快而磕磕碰碰，嗓门太大而打扰他人，这一切都容易被他人看作自控力不足、有攻击行为和有暴力倾向。他们不会像“受欺负者”那样得到成人循序渐进的耐心引导，面对的更多的是怒骂、指责、批判。

亚里士多德说过：“从本质上讲人是一种社会性动物。社会先于个体而存在。”社会性动物的社会性分工遵循着大自然的规律。强势的族群成员会占领地盘，它们具有强大的竞争力和实力，依靠无畏的冒险为族群提供必要的生存条件，而温顺的成员总保持敏感和保守，保证族群远离侵害与危险，如果遭遇到侵害，也有足够的能力成为族群的幸存者。这就是自然界的族群存活特点，强势者与不强势者性格迥异却是合作关系，并非什么弱肉强食，这正是族群得以繁衍生息的基础。

所以，在集体中总有孩子是力量型的、冲动的、容易惹祸的，像是十足的“欺负者”，有孩子是弱势的、冷静的、和气的，像是十足的“被欺负者”，他们都有自身的优势和功能。两者是真正意义上的合作关系，家长拥有这样透彻的认知，对孩子的社交必然有深远意义。

如何从细节中发现孩子被欺负了？

三十年前，香港无线电视台播放了一个关爱儿童心理健康的公益广告：

一个温柔可爱的小女孩，回到家后把自己关在房间里，一开始呆呆地抱着洋娃娃，后来慢慢地撕扯洋娃娃的头发、衣服，最后更是一边尖叫一边使劲地拽打、踩踏洋娃娃，这时候爸爸妈妈打开了门，小女孩停下手抬起头，惊慌失措地望着他们……小女孩之所以出现这种行为，正是因为在校园里受到了欺负。

家长该如何识别孩子被欺负呢？有些孩子被欺负后不敢说出来，自己默默承受，所以我们需要留意孩子在生活各方面发出的异常信号，以便捕捉一些蛛丝马迹，再深入了解分析。

但是，这并不代表家长要成为一部精密的侦察机来盯着孩子，一旦有特别行为的苗头，就立刻掐灭，这样只会活在焦虑和恐慌当中，对于心理生理还没发育成熟的学龄前孩子来说，更会扼杀他们的生命力。

下面列举了一些能识别孩子被欺负的重要线索。

1. 突然暴躁，有攻击行为

如果家长看到平时情绪稳定、安静老实的孩子突然变得暴躁爱哭，总为一点点小事就控制不住脾气，甚至对娃娃玩具实施攻击、虐待，又或者更严重一点，出现攻击同伴的行为，有随身携带攻击性玩具、利器的强烈愿望，那么就要长个心眼儿了。孩子也许在幼儿园里经历了什么，虽然不能咬定其被欺负了，但是家长有必要寻求真实的原因。

如果孩子曾经被欺负过，并出现了上述的情况，那是有迹可循的：

首先，孩子的模仿能力强大，尤其对于一些典型的反面行为，像被欺负的行为，孩子会更容易去捕捉和重现。

其次，孩子试图把悲伤的情绪转移出去，“迁怒”是一种自我保护的本能，就像内心深处有一封封信，我们下意识地让情绪这个信差把信送出去，当有收信人接收了信，信差便会消失，随之我们也就安心了。这个“收信人”可能是父母，如孩子对着父母使坏脾气；可能是同伴，如孩子对同伴发起攻击；也可能是物品，如孩子践踏心爱的玩具。“迁怒”能让受欺负的孩子得以喘息，释放焦虑，心理减压。

最后，孩子的心理防御失守。防御体系就像一个房间，被同伴欺负就像有“不速之客”硬闯了进来，在没有得到任何帮助之前，孩子就像无头苍蝇一样不知如何处理，所有的像变了个人似的行为都是既充满敌意又不知所措的“关门”行为，具体是如何“关门”的，其实孩子不自知。

而有些孩子在胡乱“关门”的过程中，不知不觉会做出伤害自己的事情，家长是需要特别注意的。例如，会抠或抓自己、用力拉扯自己的头发、用头撞墙等。这些都是为了保护失守的“房间”，转而攻击自己。

2. 长时间做恶梦、惊醒

有些孩子的睡眠质量本来是不差的，但突然在一段时间内辗转反侧、半夜惊醒，哭闹很久才平复下来，甚至伴随着尿床等行为，一旦有类似的状况，家长就需要留意孩子是否在幼儿园里发生了不愉快的事情。

心理学家阿德勒认为，梦中的活动和清醒时的活动都是整体的一部分，我们能够在梦中演习清醒时的角色，所以梦境往往跟现实相似，所经历的事情在梦境和清醒时的反映是一样的。总的来说，梦的很多内容是潜意识的重组，隐藏了内心对现实的深入想法。

从这个角度来说，如果孩子总是梦到自己被欺负的场景，感到惴惴不安，这就是潜意识的自如表达，只是白天没有显现出来而已。家长需要重视这种频繁的梦境，探究是否真实存在过。当我们重视与孩子潜意识的接触，向梦追寻原因与答案，聆听他们内心的声音，觉察日常发生的事情时，那么梦就不需要如此传达信息了，这个自我保护机制也可以得以休息，因为大脑为摆脱不好的记忆所采取的方法已经奏效了。

通常被欺负的孩子都会焦虑心烦，因为睡眠问题未能保持良好的精神状态，导致日间思维缓慢、常打哈欠、神情木讷。

3. 精神压力下生活规律的改变

如果孩子突然千方百计地不去幼儿园，哭闹着说不舍得爸爸妈妈，谎称自己头痛脚痛等，我们就要考虑是不是发生了什么事。家长可以通过跟孩子沟通进一步了解情况，还可以从老师和其他家长的口中侧面获知真相。

如果孩子突然频繁地想上厕所，想喝水，有可能是他们想要释放压力。当孩子遭受心灵伤害的时候，往往无法控制这些生理上的反应。

如果孩子放学回到家突然吃饭吃得很少，甚至不吃，又或者与之相反，出现前所未有的暴饮暴食的情况，那么家长也需要跟老师了解更具体的白天的饮食变化，对孩子的变化保有警惕之心。

肠胃其实是一种情绪器官，它会直接影响我们的食欲。当孩子焦虑抑郁时，会出现各种情绪问题，肠道接收到这样的信号就会产生功能紊乱，于是对“吃”提不起精神来；有些孩子则会在焦虑之下，寄托于以食物的能量补偿自己，所以他们比以往吃得更多、更快，这是一种心理和情感上的需求，跟真正的饥饿无关。也有可能是孩子内心不舒服但不希望家长发现，只有吃得又多又快以便尽快地逃离“现场”。

4. 带伤、丢失或献出物品

如果孩子经常身上带伤，或者衣服上总有鞋印，那么家长就需要注意了。但是，孩子磕磕碰碰被伤到撞到，或者跟同伴们大手大脚地玩弄，出现这些状况也是很正常的，所以我们需要从孩子或者老师口中了解实情。

或者，当孩子的个人物品总是丢失、损坏时，家长不要立即就责怪孩子冒冒失失，而是要了解整体情况再作出识别，如果孩子解释得不清楚，暴躁地抵抗或者刻意地支支吾吾，我们就需要耐心温柔地对话，让他们内心的想法慢慢浮出水面。

有时候，家长若发现孩子总是把家里很漂亮的玩具毫无节制地带到幼儿园去，当家长阻拦或者想问个明白的时候，孩子会逃避或者不理睬，那么我们也需要探究一下个中原因，了解他把这些玩具送给了谁。

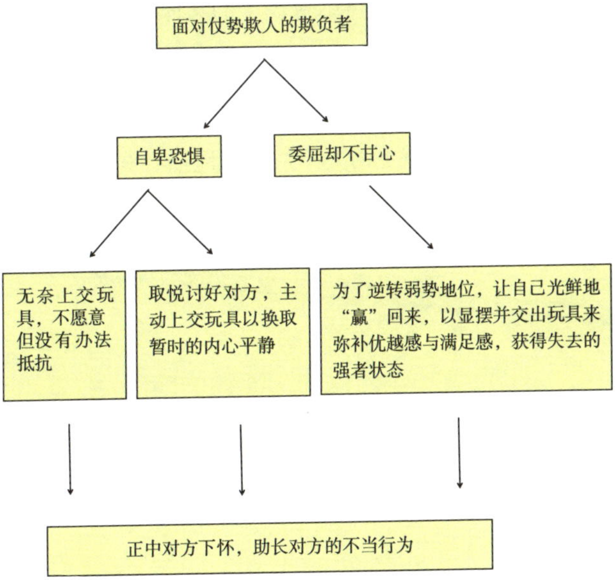

5. 社交圈“萎缩”和不求助于他人

如果家长发现原来热情开朗、爱表达自己的孩子，最近突然变得回避同伴和社交场所，回到家也不愿意坦然地谈论和好朋友之间的趣事，那么可以关注一下孩子避开朋友的原因，是发生了意见上的分歧？产生了不可调和的矛盾？受到朋友的欺负？还是另有原因？

如果孩子突然不愿意求助于别人，不仅仅是朋友，在家里遇到困难也不吱声，也要引起注意。突如其来的“不求助”，一般是由于孩子遇到一些什么事，内心变得敏感，自尊心受挫，甚至认为求助别人也不会得到怜悯，害怕再次遭到打击，想从各种关系中脱离出来以求安全感，是一种自卑的表现。

上述五个方面，并不能百分百说明孩子是被欺负了，而是给予家长一些参考因素，再结合孩子的具体情况具体分析。而且要明白，尤其对于一些比较内敛、不善于言语的孩子，他们会天然地认为“我不说出来，爸爸妈妈也会懂我的”，相对来说，这些孩子的家长就更需要不留痕迹地细心洞察了。

情感困境中的沟通艺术

孩子遇到了不愉快的事情，“死缠烂打”地黏着家长，有些家长忍不住吼孩子：“你真烦！再缠着我，就让你一天24小时待在幼儿园里！”

有些家长则相反，他们看到孩子一有不对劲就很焦虑，连忙问：“你今天怪怪的，是不是有人欺负你了？”或者急躁地要得知答案：“你到底发生了什么委屈的事情？你怎么就不说呢！”

孩子被欺负了，情感正处于困境当中，情绪压抑低落，很容易认为自己不够好，也不愿意让他人知道自己多么的难过。在这个时候，如果家长希望跟孩子好好聊一下，从他们的口中获知更多事情的真相，在实操上并没有那么简单。

爱的沟通思路应该是：接纳与抚慰——聆听具体事情——说出感受或情绪——共同解决问题——表达感谢。这是一把家长打开孩子内心大门的钥匙，消除隔阂，跟孩子心连心地站在同一阵线，以他们的角度看待问题并解决它。

1. 闭上嘴巴，接纳一切

对于孩子情感困境的关注程度，以下两类家长的反应比较极端。

对情感困境关注程度	做法	心理剖析	结果
第一类家长：不敏感	对求助置之不理，不分轻重地要求孩子独自解决，“多一事不如少一事”。	实施自我防御，不负责任地避免处理孩子的问题。	家长的话如冰刀直刺孩子内心，孩子心灰意冷。 陷入“孩子渴望得到呵护——家长渴望逃离”的死循环中。
第二类家长：过于敏感	对求助过于紧张，事事都上纲上线，“宁可做错，不可放过”。	把孩子当作私有物，不相信孩子有能力处理问题，模糊了与孩子之间的界线，不能回归彼此的位置。	孩子感到压力大，觉得被欺负是一件很严重、羞耻的事情，是自己软弱胆小的表现。 陷入“家长渴望得到真相——孩子抵触，不愿相告”的死循环中。

处于中间水平，能理性接纳孩子的第三类家长只是少数。

当孩子突然黏自己或者有什么异常状态，家长应该第一时间抱抱亲亲，用温柔怜爱的眼神望着孩子，平和缓慢地抚摸他们的身躯，不需要开口询问，这样的动作就足以走进孩子的内心，感知和理解他们的难过。

这时，孩子会意识到坏情绪并没有什么不妥，而且能够更好地认识到自己当下的感受，也不会觉得自己是个没人喜爱的受害者、懦弱者。这样一个“无声胜有声”的过程，可以循序渐进地让孩子感到家长的爱和支持。

家长对孩子的定位和态度，是一面孩子认识自己的最直观的镜子，而且会内化成孩子的自我评价。所以，只有家长坦然地正面接纳与反馈，善用宽厚的姿态力量，孩子才会吐露心声。

事实上，孩子很希望家长能了解自己小世界里的烦忧和秘密，只是在等待一个恰当的“时机”慎重地说出来而已。只要处在和谐的关系中，“时机”的出现会更多，对于这点家长要深信不疑。

2. 展开具体事情

有了上一步的耐心接纳，家长再顺水推舟创建“时机”询问孩子具体发生了什么事情。

可以这样问：

“宝贝，能告诉妈妈发生什么事情了吗？”

或者更加具体地问：

“我发现你经常有点伤痕，可不可以告诉我发生什么事情了？”

“我看你最近都不跟 ×× 玩了，连招呼也不打，是不是遇到什么问题了？”

这些提问，会帮助孩子有更清晰的思路，就此说出突破点。总之，我们就像小学生写作文时把握四要素那样，把“时间”“地点”“人物”“事件”搞清楚就可以了，纯粹地把事件还原。

3. 以中立态度安抚心灵

当孩子跟家长描述事件后，家长沉着地不带任何个人色彩地说：

“好的，宝贝，我明白了，然后你的想法呢？”

“我一直都在听呢，你说的我都了解了。”

“妈妈陪着你，你慢慢说就好，还有吗？”

这样的潜台词就是告诉了孩子：妈妈相信你，能理解你的心情，无论发生了什么事，妈妈都很爱你。只要孩子感受到心灵被安抚，自然就更愿意把深层的想法说出来。

如果孩子已经从神态表情、语言行为中透露出当时他是沮丧的、害怕的，那么家长应该认可他们的真实情绪并帮助描述出来，也让他们学着如何正确地表达，让积聚起来的情绪更好地宣泄。

家长应该中立地说：

“这样啊，当时你有点压抑了，是吗？”

“你心里委屈了。”

“我想你也是不容易哦。”

这些话都是描述情感难以释放，内心无助的具体感受，不褒不贬，能让孩子舒缓，觉得家长是懂他的，理解他的。

4. 提供帮助路径

当孩子说出事件后，有些家长会拍拍胸脯，“大义凛然”地说：“妈妈一定帮你搞定它。”“这件事你就别理会了，我来处理，你放心好了。”家长的包办代替不仅剥夺了孩子解决问题的权利，还会让孩子误认为自己没有能力解决，日后也没有力量直面冲突。

爱孩子，是真真切切地提供帮助路径，站在一旁观看，让他们在不断的尝试和体验中成长，我们可以这样说：

“妈妈永远在你身边，这件事你需要我的帮忙吗？我们一起来想想怎么解决吧。”

“妈妈会给予你需要的帮助，我们来想想你能做些什么，妈妈能帮助你做些什么。”

这样，家长相当于给了孩子充分的安全感，一颗定心丸。

家长跟孩子一起探讨方法：

也许是孩子以自己的能力跟欺负者协商，也许是孩子自己找老师帮忙解决，也许是孩子团结其他要好的朋友共同解决，也许是孩子改变自身行为来减少欺负者的关注，也许是家长跟老师直接沟通，也许是家长找机会观察欺负者再跟他聊一聊，也许……

方法有很多很多，家长需要跟孩子一一罗列出来，根据不同情况共同商量出最好的几个方案，可以用文字或者绘画记录下来，然后鼓励孩子落实执行。

最后，家长最好以“宝贝，谢谢你的信任，很高兴你让我倾听你的内心世界”“宝贝，我觉得我们的讨论很愉快，以后也要跟妈妈说哦，谢谢你在听我说”为结尾，这些话并不老套，而是营造一种尊重和更开放沟通的家庭氛围。

5. 家长的错误表达

有些家长一开始跟孩子沟通得很好，但是孩子越说越激动，最后又提高防范不想说了，即使说了，也会严重地偏离真实状况。这是因为我们表达错误了，把自己过多的“感想”硬塞给了孩子。

（1）把自己联想出来的细节作为了引导工具

“他打你是刻意的吧？绝对不会无缘无故这样做的啊！”

“为什么他只嘲笑你一个呢？之前你得罪过他是吗？”

“你提防着点，明天他也会来找你麻烦的。”

把本来就没有多大的事情变为极其恶劣的事件，凭空创作了很多比现实更让人恐惧的情节来，孩子就会因风吹火般地把家长的话、现实、自己幻想的情景都合并起来，越想越害怕。

（2）在孩子并没有透露自己是难以承受的情况下，冲动地妄下判断

“你一定很沮丧了，是吗？”

“你当然是害怕极了，我能感受到！”

“不是吧？他这样对你，你肯定非常害怕！如果是我，我也受不了。”

让孩子觉得事件真的很严重，自己无能为力。

（3）忍不住为孩子抱打不平

“你怎么不懂得保护自己呢？我不是经常告诉你该如何保护自己的吗？”

“你明知道他容易被惹恼，你跟他说话时就得有礼貌些！”

“就因为你不告诉老师，这又得吃亏了！”

既偏离了引导轨道又高高在上，从本质上来说，是家长想要阻止“孩子不开心”这个压力源继续给自己施压的结果。

（4）否定孩子的负面感受，不允许出现坏情绪

“没事，没事，别想了，不要怕哦，有妈妈在！”

“一切都会过去的，不哭了，有孩子比你更惨呢。”

这些话表面上是暖心的，仿佛家长真的能帮孩子承担一切痛苦，又仿佛能让孩子从其他受苦的人中感受到欣慰，但事实上，孩子的确感到难受、担忧、伤心、焦虑，他们不会因为有人劝他不要去感受就真的能把它们都驱散掉，也不会因为“他没有其他人那么惨”而自认为很幸运。

家长需要回顾反思自己的话语，我们会领悟到：当我们不急着作出判断并说出口时，所得到的故事和场景会比最初孩子描述的或者我们想象的要更多更准确。

孩子不愿意说，“抛砖引玉”更有效

妈妈知道女儿小琳在幼儿园里经常被嘲笑，是因为她的脖子上有个明显的胎记，小琳虽然伤心，但从来不愿意把事情说出来。

妈妈后来独辟蹊径，跟小琳共读绘本《糟糕，身上长条纹了！》，这本绘本说的是我们要勇敢做自己，不盲从不自卑。妈妈在读绘本时，结合孩子的社交烦恼，在不知不觉中让小琳把不愉快的经历和细节逐一吐露，不压抑在心里，同时给小琳指明光亮的方向，给予她内心的力量。

当妈妈跟小琳读到主人翁卡米拉被同学起了很多奇怪的名字时，小琳会深有体会地说：“我也是被别人叫‘小妖精’‘黑怪怪’！”妈妈明白到了小琳的痛苦，也知道了她跟其他孩子的互动情况。

当妈妈跟小琳读到卡米拉终于承认自己的与众不同时，小琳会点着头说：“老师也跟我这样说，自己是怎样就怎样，我是最棒的。”这样，妈妈了解到老师对此是有关注和支持小琳的。

最后妈妈读到卡米拉一点都不在意别人说她怪时，便顺藤摸瓜地引导小琳不要为了迎合别人而委屈自己，要接纳自己的特点，认可自我珍贵的价值，小琳对此很愿意接受。

孩子有着严正的内在秩序，即使我们层层深入跟他们沟通，他们也会由于各种原因，仍然选择沉默不语。尤其当家长在不知不觉中用了“侦探思维”去打探时，孩子就会更加抵触。这时候，家长应该采用更加有趣的、值得信赖的沟通方式，四两拨千斤地促进孩子把内心的话说出来。

这时候，家长可以多花一点心思另辟蹊径，把自己“深挖”的目的隐晦地藏起来，抛砖引玉，引导孩子在不知不觉中说出事情的原委。

1. 以视频和图片为线索

打个比方，如果家长在老师嘴里了解到今天孩子在操场上跟小朋友一起活动时有点不开心，老师对此给了一些说法，但是我们想进一步了解事件和孩子的感受，又知道孩子一向不喜欢多说，那么我们可以这样做：

一般来说，老师会把孩子早上的在园活动实况发到家长群里，家长特意挑选相关的图片或视频出来，当孩子晚上洗完澡、吃完饭，心情轻松自如时，跟他边看图片和视频边聊天。

家长特意“犯错”，说：“看，这是你们在操场滚轮胎吗？太好玩啦！”孩子听了后会急于纠正：“才不是呢！那是跳轮胎，是跳！”就这样，家长顺利地打开了孩子的话匣子。

当孩子放下警惕心时，家长逐渐“加码”说：“哦，对对，是跳轮胎，我看你们玩得可开心啦！是吗？我也想玩！”如果孩子在这个过程中是很开心的，那么他描述时应当是兴奋的、意犹未尽的，像“是啊，我明天也要玩”。如果孩子闷闷不乐地说：“才不是呢，我再也不想玩了。”那么家长可以继续往下“套话”：“怪不得我在视频中看到你有点不开心，发生了什么事情吗？”

如果孩子把不开心的原因说出来，那么我们就达到目的了。但如果孩子不愿意说，我们就要不着痕迹地“抽丝剥茧”：“我看你后面跟着好几个孩子呢，他们喜欢跳轮胎吗？他们叫什么名字呀？你喜欢跟他们一起玩吗？”

家长一定要注意说话的中立性，即使内心怀疑孩子的“不开心”是跟后面的孩子有关，也千万不要说：“怎么后面的孩子对你那么凶，他们都在欺负你吗？你就是为因为他们才不开心吧？”

如果孩子的不开心跟他们有关，孩子很可能会说：“我才不想跟他们玩！他们排队的时候经常向前挤，多次推倒我！”这时，家长可以初步判断孩子被推倒了是冲突的源头，再逐步挖掘事件：“哦，原来这样啊，那么他们推倒你后，你怎么做的呢？”而千万不要把自己想象出来的“被欺负”的画面暗示给孩子，这样孩子所回答的就会偏向于认知了。

如果孩子的不开心跟他们没关，孩子会说“喜欢”“一般吧”或者“不知道”，那接着，我们依然可以通过图片或视频获知答案，开动脑筋从另一个角度来问，看能否发现其他线索，例如说：“宝贝，我看你那时候噘着小嘴巴，按道理，你跳轮胎应该是很厉害很有信心的呀！”这时孩子可能会透露出另外的信息：“我不厉害，××经常说我笨，今天他又这样说了，我是不是真的跳得不好呀？”就这样，家长一步步让孩子进入“圈套”，从侧面得知孩子不开心的原因。

家长希望让孩子更顺畅地说出事实，需要做到：“刻意犯错——保持中立——顺水推舟”，从图片或视频的真实状况延伸至自己想了解的方向。

过程中要跟孩子成为能互相轻松交流的好朋友。只有这样，即便日后发生更严重的事件，孩子也会习惯性地毫不畏惧地跟“好朋友”说出来，现在的倾诉是未来亲子沟通的保障和基础。

2. 用喜爱的绘本来引导

对于不愿意吐露心声的孩子，家长不要急着询问，可以在孩子情绪平和时跟他一起读喜爱的绘本。在读的过程中，随着内容的脉络，提出关于绘本所展现的现实问题，再引申出幼儿园生活，以此来让孩子把相关的事说出来。

以共读知名绘本《南瓜汤》为例，可以发现尝试用绘本来引导孩子说出内心想法并不困难。

总之，家长利用绘本跟孩子沟通，比起干巴巴的询问要更有力。究竟给孩子读什么绘本效果更好呢？是育儿专家列出的各年龄段干货社交绘本，是权威作者所写的幼儿园生活绘本，还是广受家长欢迎的“国际××奖”“全球××奖”绘本？

其实，关键不在于这些“硬件”，首先应该考虑该绘本孩子是否喜欢，他能否专注地投入故事当中，其次就是绘本的内

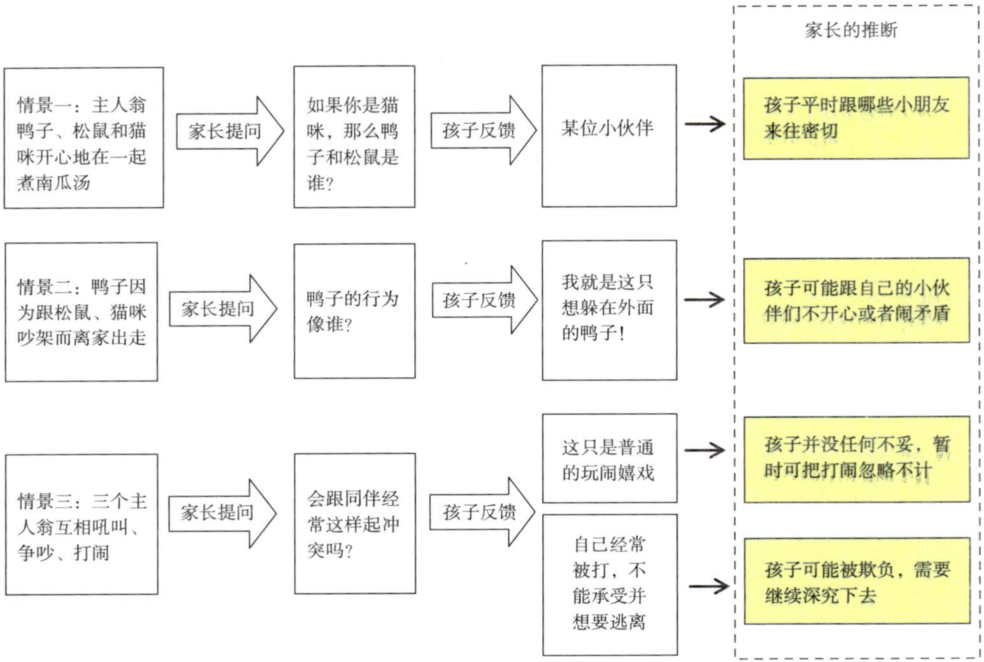
家长的推断
情景一：主人翁鸭子、松鼠和猫咪开心地在一起煮南瓜汤
家长提问
如果你是猫咪，那么鸭子和松鼠是谁?
孩子反馈
某位小伙伴
孩子平时跟哪些小朋友来往密切
情景二：鸭子因为跟松鼠、猫咪吵架而离家出走
家长提问
鸭子的行为像谁?
孩子反馈
我就是这只想躲在外面的鸭子!
孩子可能跟自己的小伙伴们不开心或者闹矛盾
情景三：三个主人翁互相吼叫、争吵、打闹
家长提问
会跟同伴经常这样起冲突吗?
孩子反馈
这只是普通的玩闹嬉戏
孩子并没任何不妥，暂时可把打闹忽略不计
自己经常被打，不能承受并想要逃离
孩子可能被欺负，需要继续深究下去

容是否有家长希望引导的方向。

3. 回顾童年引起共鸣

我们总会期望得到、听到、被提及熟悉或者相似的东西，与自己有相似经历的人会让我们感到更加亲切，有安全感和共鸣，就像“第二个我”。

如果家长从老师口中大概了解到孩子在幼儿园被欺负，但孩子又不想说，那么家长可以跟孩子纯粹地聊聊天，内容是自己小时候的往事，包括开心的与不开心的，特别穿插一些自己曾经被欺负的小细节，让孩子感到“惺惺相惜”，如果他们觉得“投机”，自然就会把话题打开，放下心中的戒备，乐意与家长沟通。

在回顾自己的童年时，家长不要太过刻意，而是自然地顺带分享：

如果我们小时候总是被欺负，没有必要为了走进孩子的心而把自己惨痛的经历全都分享出来，这样容易让孩子恐惧和错误认识到人际之间是残酷的、弱肉强食的，他们更无法释然，家长应当适可而止，分享有甜有苦，引起孩子的共鸣就可以了。

如果我们觉得小时候没有被欺负过，就编造或者夸大事实来说自己被欺负，以此来拉近跟孩子的距离，是不明智的做法。一切不真诚的沟通，都不可能换来对方的反馈。

作为家长的我们把孩子当成自己忠实的聆听者，不带任何目的地从心开始沟通，那么反过来当孩子分享的时候，他们也会把自己所经历的事情详尽地告诉我们。

因为我们从来没有掩饰自己的童年伤痛，孩子也不会觉得自己被欺负是一件没有尊严或者犯错的事，相反，他们会认为这是需要通过聊天释放出来的，学着家长那样毫不保留地倾诉，这样，我们就能更好地跟孩子共同思考下一步的解决办法。

虽然我们谈论的是被欺负的事，但是正能量的传递是不可或缺的。家长记得要告诉孩子当时是谁帮助了我们，他们是如何伸出援手的；或者自己是如何凭借努力克服和解决，如何勇敢地走出黑暗，如何巧用方法跟对方握手言和……这些积极经验都能真正培养孩子解决问题的能力。

上一篇说到的沟通方法，也许是线性的，就像流水线那样从 A 点到 B 点，B 点再到 C 点。也许根本不存在 A 点或者 B 点。这种方法强调的是一种协作，能帮助我们拥有四两拨千斤的自如的交流体验。

如何一步步带孩子走出阴霾?

欢欢在幼儿园里受过欺负，心情一直很沉重，未能重拾勇气。

她想：为什么这件事唯独发生在我身上？我做错了什么？我是不是很差劲？

然后，她开始把被欺负的事情泛化到生活的各个方面，认为其他方面自己也做得不好。甚至把被欺负看作永久化的："曾经我被欺负过，之后也会被欺负。"长期给自己贴上各种负面的标签：笨、不受欢迎、不会表达……

每个孩子的幼儿园生活，跟成人的人生一样，没有一帆风顺的，但不同的是，有的孩子受到欺负后能够一笑而过，有的孩子却一蹶不振，难逃阴霾。

给自己带来压力的消极思想，在心理学上称为"认知曲解"。如果家长不帮助孩子把错误的认知从大脑中踢出去，任由他们被负能量长久包裹，那么孩子可能会变得暴躁，频繁地哭泣，不愿意配合家长和教师的指令。

孩子的"认知曲解"存在越长久，所带来自卑的影响就越大，当之后需要改变时就越困难。孩子体内有一股强大的力量来保护自己，阻止外界的矫正。就好比日常的小感冒，刚开始如果我们不以为然，慢慢演变下去，有可能造成更严重的发烧、肺炎，等到要进行长期的深度治疗时，不仅躯体会受到煎熬，还需要额外付出更多时间和金钱，病情也会反反复复。

1.“孩子，这不是你的错。”

心理学者曾经做过一个小调查，内容是无论原因是什么，当孩子心情低落时，妈妈跟孩子轻柔且坚定地说：“孩子，这不是你的错。”然后记录孩子的表情变化。结果发现，每当家长说完后，大部分孩子会出现较大的反应：原来不哭的孩子突然“哇”地哭了出来，或是原来在哭的孩子慢慢地不再哭了，没有表情但深切地盯着家长，期待接下来倾诉一点什么。

对于一个受到欺负的孩子来说，一句简简单单的“孩子，这不是你的错”，究竟意味着什么呢？

家长要教会孩子明辨是非，明确欺负者才是理亏的，感到难过内疚的应该是对方而不是自己，我们需要勇敢说出自己的观点。更深入的是：家长向孩子证实了过去和现在的你都是值得被看到和被尊重的，你所产生的感觉应该得到大家的重视，我们正站在相互连接的桥梁上努力，你并非一座孤岛，我们有能力共同拨开乌云。

在说完“孩子，这不是你的错”之后，家长不要继续“加料”把对方渲染成罪大恶极之人，要掌握好“度”，让孩子知道错不在自己就可以了。有些家长因为太过紧张孩子，心里也不服气，会失去理智地指责对方，迁怒于对方的父母，这些行为都会让我们丢失人格和心胸，成为得理不饶人的家长。

2.“你是个出色的孩子！”

我们要尽量减少由被欺负所带来的恐慌，以强调“你是个出色的孩子”来让孩子知道自己有能力应付生活中的不如意之事，应当积极正向地面对它，曾经受了欺负并没有什么大不了。

这句话所带来的思考过程，是把“受欺负的人为什么是我”这一个问题转化为“为什么不可以是我”，这是一股向上的力量，不根据个人所处的位置来判断他是否好过，而是根据个人受挫以后，重新崛起的高度来判断他是否好过。让孩子直面问题，把问题看作成长的契机：受到欺负，我不是第一个，也不是最后一个，尽管选择了我，我也能解决！

为了避免孩子把自卑感泛化和永久化，家长可以分三个层面来表达。

（1）让孩子意识到我现在就是个出色的孩子

坚定地说：“宝贝，你乐于助人、爱分享、同理心强、对爸爸妈妈贴心，这些才是真真正正的出色，而不是恃强凌弱、气势汹汹。”

（2）让孩子意识到我一直以来都是个出色的孩子

可以这样说：“宝贝，你知道吗？妈妈很感恩你从小就是个健康快乐的孩子，带给我们家庭甜蜜温暖，你能涂鸦精彩的画卷，受到亲戚朋友的欢迎，成为老师的好帮手……我们的幸福是由你产生的，一直以来你都非常出色！”

（3）让孩子抱有希望：我将来也是个出色的孩子

鼓励孩子说："现在的不快乐只是暂时的，这并不等于你会一直处于悲伤的状态，我们会慢慢变得强大，有能力去应对问题和反击的！"

如果孩子很难理解，家长可以幽默地解释：

"不好的事情就像印在气球上的画一样，随着时间流逝，气球会不断增大，上面的画会越来越淡，越来越不清晰，甚至会消失。"

"时间就像个魔法师，它会不断地磨炼和鞭策我们，发生的所有事情都会化作前进的动力，成就我们五彩斑斓的人生。"

这样的比喻，孩子会更加容易接受，家长不需要纠结他们能否百分百理解和运用，只需要让孩子拥有积极心态就足够了。

3. 以回顾快乐的事情代替重复被欺负的事情

曼德拉说："放你走出牢笼的那一刻，如果你还不能和过去告别，那你就还留在牢笼里。"家长没完没了地伤感，犹如一把利剑，会反反复复地加深孩子受到欺负的印象。即使孩子已经没事了，也会立刻恢复可怜虫的状态。

更理智的方式是，经常跟孩子一起回忆老师和小朋友们的快乐事情。实际上幼儿园生活是多姿多彩的，我们多跟孩子聊今天玩的游戏，朋友之间的趣闻，品尝的美食，老师读的幽默故事……当注意力放在这些事情上，孩子能很好地避免放大负面信号和产生灾难化思维。

其实，孩子生来就喜欢关注快乐的事情，之所以抓住难过的事不放，主要还是因为未能获得家长的理解，一旦家长站在孩子的立场看待事情，孩子就会想办法远离不开心的事。

当家长跟孩子回顾快乐的事的时候，孩子的大脑会产生愉悦感的神经递质多巴胺，它也是表达“奖励”的重要物质，会让孩子思考“更多新的快乐”，从而产生更加强烈的愉悦感和幸福感。

4. 加强劳动实践

有一个心理学故事，说的是一个教会让精神病人干活儿，一开始外人感到教会这样做很不人道，后来大家才发现，正是因为干活儿，病人很容易忘记以前不开心的事，大大促进了他们的心理健康，甚至比吃药还有效果。

同样的道理，家长希望帮助孩子回归正常生活，可以为孩子安排一些力所能及的家务实践和户外劳动，例如洗碗、收纳、包饺子、采摘、种植、野炊……这样孩子不仅没有时间去纠结曾经让自己伤心的事情，也更乐观进取。当孩子做自己感兴趣的事时，不仅能宣泄情绪，还能抑制大脑中杏仁核的活化，阻止负面情绪泛滥，缓解神经系统压力，这些活动远比我们想象的重要。

无论是约上小伙伴一起劳动，还是在劳动中加上欢快的配乐，都能让压力减轻更多，让幸福感在劳动结束之后持续更久，促进“身体记住”劳动所带来的快感，有效减少精神负担和消极情感。

帮助孩子鼓起勇气穿透昏暗，有两点是贯穿始终的：一是改变孩子的认知，帮助他们深入了解自信的根源，打破自我否定，促进在主观上的自我暗示，改变思维方式，提升能量气场；二是实践行动，通过大量的实际行动让孩子自己积极起来，从经历中学习，当取得了良好的客观结果后，又反过来促进主观上的思维变化，重新给记忆和未来下定义。

第二章

建立和谐家校关系，合力渡过难关

孩子被欺负，该如何跟老师沟通？

一次妈妈接孩子放学，发现孩子伤心地哭个不停，孩子告诉妈妈被同学打了，老师在一旁解释说当时双方产生了误会，同学一冲动，拳头就直接挥过来了。

妈妈一边安抚孩子一边心有不甘地说："孩子被打了，以后还请老师马上阻止呀，也希望老师多注意那些爱打人的孩子，要不你们一不留神又容易出大事了！"老师当时没有接上话。

从这次事件之后，妈妈感觉跟老师的关系变得尴尬了，认为是自己的嘴巴惹了祸，"得罪"了老师，以致老师不再像以前那样积极反馈孩子的情况。

我们尝试站在老师的角度想一想，一个班 30 多个孩子，小朋友一旦有矛盾，手脚就会以迅雷不及掩耳之势派上用场，老师确实很难第一时间阻止。就算我们自己带孩子，也难免会出现磕磕碰碰的状况，更何况幼儿园里都是品性气质迥异的小朋友，这并不能代表老师不作为或者责任心不够，毕竟他们大多都是善良的老师，面对受到伤害的孩子内心也会愧疚。

虽然家长的话表面上克制而平静，但潜台词就是：“老师你这次没有看好孩子，被打了也没有立刻阻止，以后不能不留神了，我是难以接受类似的事情再次发生的。”这跟气愤地追究老师并没有本质区别，老师不仅感受不到家长的理解和信任，还会觉得自己的管理方式受到了严重的质疑。

所以，这样的沟通，从老师的角度来说，是消极负面的；从家长的角度来说，是不理性不体面的；从孩子的角度来说，对他日后的幼儿园生活也没有任何好处。

家长应该先安抚受欺负的孩子，等孩子心情恢复过来再听老师解释，然后豁达平和地说：“孩子们调皮地打闹推搡总会有的，但是这次的事情的确是一次警示，我们要回去好好反思。”

接着强调说：“我在家会加强孩子的自我保护教育，但是我或许教得不够好，而且孩子一向比较听老师的话，所以希望老师平时多关注和帮助他，我相信孩子在我们的引导下会更注意与同伴的相处方式的。”

如果孩子经常和同一个孩子发生冲突，那么家长可以直接向老师提出尽量把他俩分开：“老师，听您之前说过他们常有矛盾，按照您的意见，让他们暂时分开排队和游戏是不是更加适当呢？也有利于老师您的管理。”

家长这样说的目的是减少孩子受到伤害，老师也能够心领神会。但即使家长没提出来，一般有经验的老师也会考虑到这一点。

俗话说“人在江湖飘，哪能不挨刀”。家长突然接收到孩子被欺负的消息，并不是什么罕见的事。当遇到类似的情况时，以下路径能大大提高家长跟老师的沟通效果。

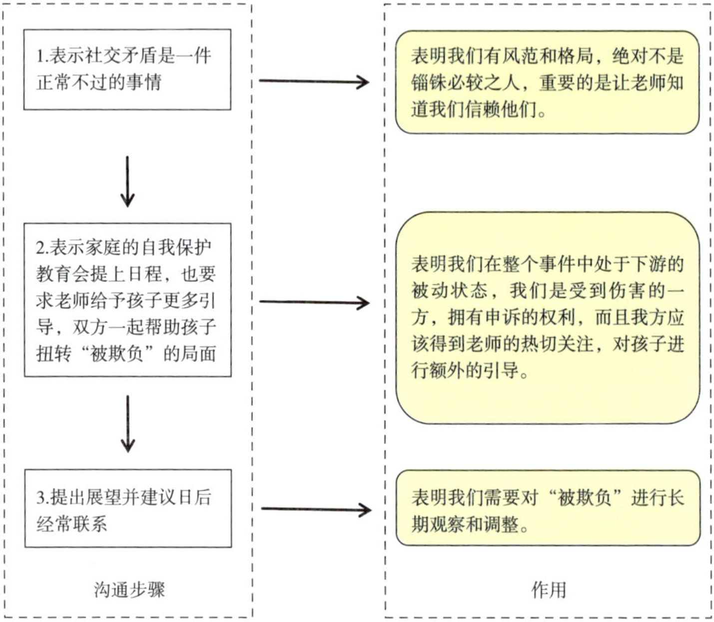

这样的沟通，能够促使双方共同输出动力，帮助孩子更好地成长，维护双方平等的关系，避免任何方式的指责埋怨。指责埋怨就像家长盲目使劲地推老师这一堵墙，墙没动，自己的力量却用光了。

沟通过程中需要家长拥有一个大格局：保持平和的态度，不急躁，不愤怒，松开眉头看待问题，对老师将心比心。也需要家长对孩子社交的理解和洞悉：孩子之间的问题并不是主观意图、恶性报复，没必要上纲上线，但也不能睁一只眼闭一只眼，问题的存在肯定有它的原因，理智梳理才是正确的思路。

除了“临时突发”的问题，还有“长期酝酿”的被欺负。

例如，孩子在家里总是向家长投诉幼儿园里的“小霸王”，自己不是被脱了鞋子并丢出去，就是被使劲地拽辫子；不是被涂抹了作业本，就是被嘲笑。

一段日子后，有些家长会直接向老师“问罪”，责怪老师没有看好打扰人的孩子；有些家长会向老师“告状”，投诉欺负者，夸大自己孩子的不良感受，暗示老师没有把真实情况告知自己。

其实，家长只听孩子讲述是以偏概全的，跟老师沟通才能推理出真相并帮助到孩子。

（1）平和沉着地沟通，讲述孩子在家里说的话和表现，听老师说究竟在班里发生了什么事情，以及她们对事件的理解和教育方式。如果家长早早在主观上判定孩子就是被欺负了，形成了思维定式，那么不管老师怎么说，我们都会认定是孩子吃亏的。

老师说的是以旁观者的角色来客观讲述问题，而且不一定能深切体会到孩子当时的真实感受和了解孩子的真性情。所以家长需要结合两者的说法，然后推理出事发过程。其中对于老师没提到的而孩子经常提到的细节，也可以大胆咨询以做出评估。

（2）如果孩子真的被欺负了，家长询问被欺负的原因，要知其所以然，并从老师的嘴里了解孩子和欺负者平时在班上的情绪和行为。

（3）请教老师我们在家里的做法。老师或许会从另一个角度让我们破解疑惑，给出一些我们从来都没有想过的方法。家长也可以把自己之前的做法、想法告诉老师，这样老师既能了解孩子在家中的表现，又可以验证这样的做法是否合适。

（4）向老师提出多关注和帮助孩子的要求。在上述步骤的基础上，老师会对孩子有一个更加全面具体的了解，有利于调整和完善原来的教育手法。

如果可以的话，家长可以尝试多问几个老师，尽量把事件还原。一般来说，每个班都会配备一名正班主任、一名副班主任和一名生活老师，甚至有些小班会有两名生活老师，我们不妨多听听不同人的看法，以获知事情更真切的一面，也能综合所有教育建议。

在整个沟通的过程中，家长还需要注意两点。

（1）要保持虚心耐心，多听老师的意见。有些家长会私下讨论："这位老师太年轻了，没有多少经验！"的确，幼儿园老师有的很年轻，尤其是刚毕业几年的老师，家长容易觉得她们的工作经历不丰富，自己也没有孩子，但事实上，她们每天都要面对各种各样的孩子，孩子之间的冲突对于她们来说已是"家常便饭"了。老师对心理理论和实际问题的操作是有对策的，也许我们难以理解的"孩子被欺负"，在她们的心目中可能只是"小菜一碟"。她们会借助自己的专业知识和经验迅速作出判断，给予我们最大的帮助。

（2）在与老师沟通之前，千万不要急匆匆地去找对方家长"算账"，无论什么情况，一定要先跟老师这个"裁判"沟通。

如果我们确实需要跟对方家长说明白，最好也是通过老师来进行对话，因为对方家长在老师面前会更相信事情的真实性，也会更加配合并愿意回家教育孩子，不推卸责任。

所以，家长应该在老师的协助下与对方交涉，老师会严明公正地为我们分析事情，不笼统含糊地评价孩子的行为，有经验的老师还会沉得住气，听家长意见后提供教育手法，“撮合”双方共同解决问题，相对来说，这样更能避免问题的激化。

我们说的每一句话，背后都蕴藏着自己的理念和价值观，虽然不一定与老师的观点相匹配，但良好的沟通技巧会让双方更容易产生共鸣，沟通的意义和效果就会更大，我们所希望建立的合作、分歧的化解、建议的接纳就会更容易达成。

入园前该如何跟老师“打预防针”？

乐乐总是难以应对小伙伴突如其来的攻击、抢玩具等不友好的行为，即将上幼儿园了，妈妈不知该不该提前跟老师说明乐乐的社交问题，既害怕麻烦了老师，又不知道如何沟通好，为了这件事举棋不定。

关于跟老师“打预防针”的态度，有如下四类家长。

	家长态度	家长做法
第一类	很希望跟老师达成共识，但又害怕跟老师沟通，担心自己表现得不好	小心翼翼、如履薄冰，对沟通难以落实，总想让配偶来面对和解决
第二类	认为这必定是老师的责任，毕竟“收了学费就得办事”，老师办不好就是“失职”	盛气凌人、颐指气使，过程中会不客气地质疑老师，找碴儿挑刺，让老师无法接受
第三类	认为孩子受了欺负不算什么事情，觉得跟老师沟通实在多此一举	逃避沟通

续 表

	家长态度	家长做法
第四类	认为跟老师共同商讨、解决问题很重要	主动跟老师说明孩子的详细状况，甚至用自己的育儿理念去影响老师，让老师更懂得爱孩子

当孩子上了幼儿园后，我们才算是真正意义上的“家长”。虽然第一次踏上“家长”的道路没有丰富的经验，但我们有必要突破自身的局限，学习应对方法，端正态度跟老师沟通。这样既能让老师更好地了解孩子，促使他们帮助孩子建立自信，也能及时让自己的心安稳下来。

1. 谈孩子的状态，不说老师的监管

“我家孩子最害怕跟大手大脚、不知轻重的同伴玩了，也容易哭闹，所以之后有劳老师多留意那些容易伤及别人的孩子，感谢您了。”

上述这种沟通方式容易显得“自私”，一来家长偏颇地以自己的标准来给其他孩子贴标签，“过界”地批评强势型的孩子，二来家长仅仅从自己的孩子出发，“越权”指导老师监管其他孩子，舍大局顾小我。

有效的沟通应当这样：

（1）表达自己孩子日常被欺负的真实状态，把具体的细节告诉老师，让老师作出判断。例如详细描述孩子在小区里被抢东西但不懂得要回来的情景，又例如扮演孩子一遇到大声叫喊的同伴就惊慌逃跑的神情。

（2）尽量少用“我认为”，例如“他总是胆战心惊地面对高大强壮的小伙伴，我认为孩子太懦弱了”。这种表达让老师觉得家长负面臆想过多，判断过于简单粗暴。而应该用“我观察到”，例如“我观察到孩子每次被欺负后，回到家不说话，把自己困在房间里”“我观察到孩子每次被笑话后，就躲在角落一直哭，有人劝说就哭得更厉害”这种描述事实的方式，老师会觉得家长冷静理性而非盲目，担忧不无道理，自己需要提供实实在在的帮助。

（3）以请教来代替指导：“关于孩子的状态，请问我应该如何帮助他呢？”这样一来让老师感受到深深的价值感和被信任，为日后的好关系打基础；二来促使老师在班上多留意孩子和提供帮助；三来让老师给我们支招儿和解读，经验丰富且负责任的老师遇到类似被欺负的情况是很多的，他们有着一定的评估和研究，方法也是自成一套且有效。在请教的过程中，家长也可以把自己的引导方法告诉老师，这样老师会提出建议并纠正家长的教育问题。

2. 谈孩子的心理，不指责其他孩子

“我们小区的孩子总是大嗓门，会欺负弱小，所以我的孩子都被欺负惯了！现在准备入园，我就不禁担心起来。”

这种把孩子渲染为受害者的沟通，完全把问题归咎到其他孩子身上，老师会觉得家长推卸责任，没有从自身找原因，估计日后孩子有什么磕磕碰碰，第一时间还是会来找麻烦，自然对家长建立起防御墙。

家长应该从自身出发：“孩子经常受到欺负，是因为我们

没有重视安全感的建设，我工作忙，爸爸经常出差，导致孩子不被及时关注，我们是很有责任的。”“以往我们都把事情给做了，孩子得不到足够的锻炼，以致现在不会应对社交问题，我们真的需要改进一下教育方法。”

这样说话，老师能够深入地了解孩子的心理需求和在家状况，认为这是一个能认识错误和反思改进的家庭，孩子在这样的氛围中成长肯定是正向的。老师带着这样的信心和期待，会更乐意配合家长帮助孩子。

但是，在分析原因时，家长千万不要把责任推给长辈，说："都是我家姥姥姥爷太宠溺孩子了，我说了多少遍这样会害了孩子，他们就是不听！”当家长需要长辈带孩子时，长辈义无反顾地帮忙，当孩子出现一些问题时，家长却把责任推到长辈身上，这跟卸磨杀驴又有什么区别呢？老师听到这样的话，一般会当场纠正家长，让家长找到自身问题。

3. 谈对孩子的担心，不给老师特殊照顾的压力

有些家长希望“施压”更奏效，就用送礼来实现，这可是一个庞大的家长群体所织成的无形大网，里面装着的都是投机、势利和失范。有的家长比较直接，在微信上转发红包，在幼儿园门口送礼品卡、装有现金的信封；有的家长比较隐晦，送办公文具、桌椅用品，又或者推送各种免费资源给老师，总之就是见缝插针地“出钱又出力”。

正确的做法是，家长真诚地跟老师袒露自己对孩子的担忧即可：

“平时，孩子被打了都不跟我说，现在准备入园了，作为

妈妈，我也明白锻炼和独立是必需的，但确实有点放不开啊，所以就前来跟老师说说孩子的状况。”

家长开门见山，把主动权交到老师手上，很多老师自己本来就是家长，是能理解并积极提供帮助的。

4. 谈未来持续沟通，不急于一时改变

改变不能急于求成，我们只能借由每天的小方法，来成就之后的大改变，这也是家长需要保持好心态的地方。

家长最后应该说：“孩子需要时间慢慢适应环境和作出调整，我们也会一直陪在孩子身边，过程中也劳烦老师了，我们保持联系，相信孩子将来会越来越好的。”

这样的沟通会让老师觉得家长很有水平，对各方都提出期待并给予时间，不会把问题丢给老师就撒手不管并寄予厚望，而是和老师成为长期合作的“盟友”。

家长沟通的信息点包括孩子的状态、心理，以及家长自身的担忧、期待，不牵涉欺负者、老师、家人的立场假设，为开学的教育设置了方向感和目标感，尊重老师的专业度，克制自己的情绪化，把本质和核心传递出去，如此沟通老师自然会成为吸纳我们心里话的“海绵体”。

如何考察与挑选风气好的幼儿园？

小晴即将到入园的年龄，妈妈挑选了一家口碑好的幼儿园来面试。

这家幼儿园不会以发放排队号来筛选孩子，也不会让孩子回答任何问题，只是让他们随意地在园内玩。老师在一旁细致地观察，整个过程中对孩子的行为动作、人际处理、适应力等方面作出评估，并且伴随着对孩子的循循善诱，引导他们体验新环境。

同时，老师会对妈妈的言行举止作出耐心的指导，并详细解释所涉及的逻辑和原理，在“被教育”中妈妈能感受到老师对幼儿心理的把握和对家园合作的诚恳。

欺负与被欺负行为在幼儿群体里具有普遍性，它的产生和发展跟学校、家庭等环境因素有关。而幼儿园，正是孩子实施欺负行为的主要场所。事实上，欺负与被欺负行为的发生率在不同幼儿园有着极大的差异性。

如果幼儿园能创造关爱培育型的教学氛围，以组织充满乐趣和挑战的环境为基调，对教师、家长、孩子进行科学的密切的家校连接，形成合力，及时发现和解决问题，而不是不问青红皂白就掩盖事实和和稀泥，那么欺负与被欺负行为将会降至最低比例。

相反，风气不良的幼儿园，孩子欺负与被欺负的现象日益严重化是个不争的事实。因为孩子的欺负行为是个习得的过程，如生活在令人烦躁的压抑环境中，如同伴之间不良行为的互相模仿，如因成人的无知而被标签化伤害，如观看没有被筛选过的充斥着暴力场景的动画片……这些都是一天天的负面熏陶和影响，使孩子由“局外人”变成正式的“参与者”。

家长都想找家风气好的幼儿园，但是幼儿园良莠不齐，师资力量难以保证，究竟我们该如何挑选适合的幼儿园?

1. 通过入园面试来评估

家长可以通过朋友或社交媒体来对目标幼儿园作初步评估。在现时信息广泛分享的社会，许多家长在选择幼儿园时，会四处打探家长朋友口中口碑好的幼儿园，也会上网搜索资料，更会通过各界“分享达人”开展全面的“调研”，把目标幼儿园的优势劣势都一一列举出来作比较研究。

但是，家长对幼儿园的了解不能仅仅停留在“听说”上，而应该更深入地了解该幼儿园，积极参与入园面试就是方法之一。

在面试过程中，如果老师不会“认死理儿”走形式或者以居高临下的姿态给家长或孩子“下马威”，而是善于观察孩子的反应、理解行为背后的思维，通过孩子对事物的反应，跟家长有一个良好的沟通，客观地进行评估，那么大概可以判断这样的老师带出来的孩子以及整体风气都是良好的。

相反，有些幼儿园面试就是一场雾里看花的“表演”，以报名、排队、抽签、考试筛选趋之若鹜的家长。老师在孩子面前权威严酷：孩子排队排得太久哭闹埋怨，被老师武断地评价为“不能吃苦，没有纪律性”；孩子在回答问题时忘了问好，被老师刻板地理解为“没有礼貌、没有规则”；孩子没有顾忌场合说了句脏话，被老师斥责，理由是必须要把孩子的不道德扼杀在萌芽阶段……

而且，园长和老师口头上振振有词地提倡“尊重”“平等”“爱”等概念，宣扬着道德洁癖的假大空思想。这种教育的伪君子往往弄虚作假，心里为的都不是孩子，而是面子、功利和俗套的陋习，可想而知，老师平时对孩子的尊重程度会有多少。

所以，面试并非仅仅是老师看孩子、家长，更多的是家长看园风，看老师的水平、为人、理念和资质。

2. 通过开放日来评估

如果幼儿园设置了开放日，家长可以抓住机会前往体验。在开放日的课程体验中，家长从观察已入读的孩子状态中，能大概感知老师的教案设计、心理引导的平均水平，孩子的综合素质和对园内生活的热爱度以及幸福度。

当孩子自主活动时，家长可以着重观察老师与孩子之间是否运用平等的对话机制；

当孩子感受到畏缩和隐忍时，家长可以着重观察老师的引导方式是压制禁锢，还是释放心灵上的愉悦感，陪伴他们转换角度来思考问题，从而领悟解决问题的方法；

当孩子发生微小或严重的冲突时，家长可以着重观察老师能否重视和关注孩子的情绪，通过引导，孩子能否将自己的情绪与他人的情绪进行剥离，逐步面对和解决困扰的事情，停止情绪的迷茫和不自知；

当上艺术课时，家长可以着重观察老师推动孩子发挥创造力、想象力的能力，以及通过作品分析来获知幼儿发展和变化的能力；

当上体育课时，家长可以着重观察老师对大运动、精细运动的引导能力，以及让孩子积极投入各种运动、交往从而获取新经验的活动组织能力……

在开放日当天，家长可以主动跟有代表性的老师沟通，进一步了解他们的学历背景、工作阅历、教育经验、对幼儿心理的独到见解等。过程中，我们可以从老师的行为举止、语言态度里获知幼儿园整体的教育专业水平和标准、诚信度和沟通力度。

教师是以孩子的角度出发，还是以自己的管理为主；是对幼儿园内所有孩子都一视同仁，还是仅仅功利地针对自己班里的孩子；是对家长油嘴滑舌、投机取巧，还是开诚布公，从初步的沟通和观察中都能看得清。

有条件的话，家长也可以直接跟园长面谈。因为家长不可能把每位老师都了解一遍，孩子在三四年里可能会碰到不同老师，所以家长还得着重看团队带头人，如果他们的人品、教育背景、跟家长的关系、教学经验都不错，“强将手下无弱兵”，估计他们带领的老师也会相当优秀，教学水平不会参差不齐。因为对于做得不够好的老师，这些带头人是不会容忍和接受的，会极力想办法提升改进他们，而且他们总能吸引一群跟他理念相似、以人格力量来办教育的老师。

然而，“与家长沟通得好”并不是最重要的。因为有些老师跟家长沟通有板有眼、细心慎重，但他们对待孩子随意浮躁、粗心疏忽。

相反，有些老师对孩子说的话简单诚恳、真实平和、深入浅出，充满爱的力量，闪耀着思想火花，迸溅出智慧的灵光，能够唤起孩子的共鸣并容易被孩子接受。他们理解孩子、热爱孩子、尊重孩子，但是他们在跟家长沟通方面做得并不好，那么这是没有任何关系的，这些老师依然是不可多得的好老师，家长应该信任珍惜他们，如果这样的老师在家长的沟通工作中也表现得相当出色，那么就是锦上添花了。

3. 通过其他工作人员来评估

我们考察一家幼儿园，千万别小觑了其他工作人员，如打扫卫生的阿姨、站岗的保安叔叔、为大家的餐饮劳心劳力的厨师师傅，他们都是我们评判幼儿园的要素。

如果能碰上面的工作人员几乎都十分友善，就像一道道明媚的阳光，蕴藏着巨大的正能量，经常用鼓励、认同的口吻跟孩子对话，会热情地跟每个孩子打招呼和说再见，态度装了满满的爱与诚，那么我们可以基本判断这是一个风气良好的幼儿园，正所谓“江河入海源于溪流”。

因为并没有接受过专业培训和不在自己工作范畴内的人，

很可能不懂得或者不屑于跟孩子打交道，例如，当有小孩在乱窜时，自然会以不耐烦的口气命令："快去上课，再不上课老师就要骂了！"但是，如果工作人员体现出来的做事品质远超本身的职业范围，那么这些小细节足以证明幼儿园的大格局。

幼儿园既是孩子交际技能进步的助推器，也是发生严重冲突的保护伞。考察与挑选幼儿园，从招生工作那一刻就可以初见端倪了，园长和老师的理念和做派需要家长用心体会。孩子的成长是呈螺旋状上升的，从简单的认知逐渐变得复杂的吸收过程，这个过程怎样影响孩子，答案就藏在孩子每天所处的真实的环境里。

孩子被欺负后要求转园，该如何跟老师沟通？

如果手上扎了一根小刺，可能问题不大，但是经常被扎，负面影响在长时间里就会慢慢扩散。当孩子需要转园的那一刻，可能内心已多次被“扎”，家长有必要从孩子嘴里了解原因并安抚，再跟老师达成共识并扭转局势。

1. 面对面沟通很必要

虽然现在倡导微信、电话等沟通方式，但这些方式容易流于表面，我们能够传达话语、语调、情绪，而表情、姿态和动作所附带的信息却没有办法让对方了解到，很容易出现逻辑不严谨，表达不连贯、不到位的问题，从而导致词不达意，建立了联系但无法形成双向的信任感。

例如，家长因为急于解决问题而用了较重的语气，在电话中跟老师说：“孩子在家哭闹着要转园，说是在班上被欺负了，真不知道是怎么回事！她在幼儿园里究竟发生了什么？”那么，老师很可能会误认为家长主要是来投诉问责的，不得不马上道歉和解释，甚至是“拉响警报”为接下来的“战斗”或

“逃跑”做好准备，而不是第一时间回想孩子的在园状态和寻找事件的突破口。

面对面沟通能够使双方感受到彼此的真实存在，让交流的问题落到实处，细处更加透明。

最重要的是，家长对孩子在集体环境中的表现是缺乏观感、了解和想象力的。跟老师当面的沟通会展开描述、刻画细节，只有这样才增进家长对事件发生的理解。

2. 理清沟通脉络

家长需要跟老师沟通的问题有以下几点。

（1）被欺负的真相

孩子在家中所说的被欺负具体是如何被欺负？是真的被欺负，还是孩子过于敏感，过于自我，过于招惹别人，不愿意遵守团体规则？最好能够让老师回忆起受欺负的时间、地点，具体的原因、过程、涉及的人物和结果。

如果不是简单发生在一天里的事情，而是长期受到多人的排挤，那么家长需要跟老师了解孩子的在园表现，例如平时孩子爱做些什么，情绪如何，怎样处理突发问题，跟其他孩子的互动情况，总之从各方面来了解孩子受欺负的原因。

如果老师需要再进一步调查观察，那么家长不妨给予老师时间。

（2）老师对孩子的看法

虽然家长对孩子是最了解的，但往往因为我们过于爱孩子很容易忽略他们的“隐性”问题，处处都觉得自己的孩子是最好的。所以，家长需要询问老师如何看待孩子的性格、能力、社交等方面的发展。

毕竟很多孩子有着“两面性”，有些孩子在家里很安静听话，但是到了幼儿园就变得活跃多动，爱招惹别人，捣乱生是非；相反，有些孩子在家里很调皮撒野，但一到幼儿园就变成了温顺的小绵羊，从来不敢得罪别人，不容易引发冲突。

有位家长，他的孩子在幼儿园里被“围攻”，但家长一向认为自己的孩子与人为善、彬彬有礼，这件事让他“大跌眼镜”。实际情况是，家长双方都是小学老师，对孩子的教育一贯严格，所以孩子在家里谨慎小心、规规矩矩，老师反映孩子每当上课时就会认真严肃，但一到自由活动环节，就会出重手打人，以致小伙伴们决定一起“以牙还牙”“报复”他。

如果家长没有听老师对孩子的看法，是没有办法想象到孩子的“第二面”的，而这个“第二面”是孩子反抗严格家规的真实面目，致力平衡那个匮乏的“自我”，所以把自由活动时间看成了唯一的“救命稻草”，努力利用它来充分发泄不满和展现个人权威感。通过老师的解读，家长才认知到所有的严厉和控制最终都会走向失控，而宽容和坦诚才会得到一个在自己面前不需要戴“面具”的孩子。

（3）讨论解决方法并建立反馈系统

孩子受欺负想要转园，很可能是一段时间积累下来的“果”，要改变，需要家长和老师达成一定的共识，让孩子在一段时间内进行调整。

家长需要了解老师将会采取什么行动——

更多地帮助、关注、共情被欺负者；

深入了解欺负者并增强其解决问题的能力；

开展孩子之间的分享交流会；

建立“防止欺负规则墙”并集体学习；

在课室安静的角落开辟解决冲突的“谈心角”；

调整座位和队伍位置；

鼓励被欺负者更多地参与活动和仪式；

……

家长也需要让老师了解到自己将采取什么行动——

更多地陪伴和安抚孩子；

让孩子充分宣泄情绪；

以教导应对技巧来增强自信；

以角色扮演游戏来消除社交焦虑；

在家里开派对并邀请同学邻居；

……

在第一次沟通后，过一段时间，家长还要找老师进行反馈——

老师正在采取哪些行动，这些行动进行到哪一步，孩子的在园情况有什么改善；

我们在家里采取的教育方式收效如何，需要如何调整或继续。

最后，家长表示认可和欣赏，感激老师的付出。对于老师来说，她们感受到了自己的努力可以改变一个小生命，甚至影响到一个家庭，这种成就感会无比巨大。

如果在沟通和调整的过程中，孩子依然遭受欺负，不仅没有改变转园的想法，还更不愿意上幼儿园，那么家长可以考虑暂时不让孩子回幼儿园，给予他空间和时间休整，这并不是跟老师闹别扭、施压力，而是一种自我保护。

在家里，也许孩子远离小伙伴会更加孤独无助，家长千万不要再往孩子身上增加负担，而是告诉孩子："我们都很爱你，爸爸妈妈老师都在保护你。"让孩子知道事情正向好的方面发展。同时家长还需要为孩子寻找一个释放情绪的出口，趁着这个时间多跟孩子到户外跑步、爬山、打球，在体育运动中焕发精神。

3. 沟通时的语言运用

当碰到孩子说要转园时，也许家长会不小心把负面情绪展露出来，把话说得过重，所以有些话术需要注意。

×	以"你"开头	老师，你们都知道我女儿比较弱，去操场玩的时候要多留意她啊！	火药味过重
√	以"我"开头	老师，我挺担心她在操场玩时不懂得保护自己，她是不是被某些孩子推搡啊？	寻求合作，而非问责
×	以"不是"表达否定	不是的！他们肯定在你看不到的地方欺负了我的孩子，要不她怎么会这么惊慌呢？	质疑感太重
√	以"我觉得"表达不同的看法	我觉得他们之间可能存在误会，也请老师您再回忆一下，或者问问配班老师，是不是错过了什么细节的地方呢？	诚恳地促使老师对事件重新审视

续 表

×	急于表达	您看我这样猜测对不对……是吗……但是……要不……噢，真让人不省心……	过分焦虑，不信任老师
√	静静倾听，同时肯定老师的看法	我明白了，您的意见我从来没想过，您提出来实在太好了！还有吗？	营造积极氛围，把问题讨论透彻，促使老师发表更多看法
×	以为自己全都听懂，不作确认		导致沟通无效，影响执行
√	复述并确认	之后，在班上老师您会……，在家里我应该……，我俩双管齐下，相信在我们的努力下，孩子会有明显的好转的。	防止沟通偏差

4. 和班主任以外的工作人员沟通

（1）与配班老师、生活老师沟通

通常家长会比较着重跟班主任沟通，但是跟配班老师、生活老师沟通，会让我们更加全面地了解孩子在园的细节。

班主任主要负责管理整个班级，协调各方教育力量，进行游戏活动的计划和总结，做孩子心理、能力的评定工作，而对于一些零碎的事情，像孩子之间的打闹拉扯，对于非正常上课的时段，像睡觉、自主活动、吃饭的环节，配班老师和生活老师会留意得较多。

所以，家长可以尝试与跟孩子一对一接触频率高的配班老师、生活老师沟通，请她们提供线索和帮助。

（2）与保安沟通

尤其是在一些规模小的幼儿园，保安能让我们了解得更具体。

如果我们从入园那一刻开始就跟保安热情打招呼，保持着良好的关系，当他们在值勤的时候，像晨检、放学，会留意到一些孩子的特殊情况，如果确实有不妥，保安也会把他所看到的如实说出来。当然他们不会像班主任那样有针对性地观察，但我们也可以将其说法作为参考。

当孩子沮丧消沉时，家长试图让他们重新踏上有安全感的土壤，需要一个漫长的过程，良好的家校沟通方法能帮助孩子更好地度过这个时期。

第三章

展开家庭爱的胸怀，是供给安全感的关键

到底能不能逼孩子“打回去”？

孩子被欺负后内心难受，但不懂得反抗，家长既为孩子抱不平又“恨铁不成钢”，强势地逼迫说：“你只懂得哭，有什么用呢？打回去呀！”尽管家长内心知道这样说不好，但因为担心焦虑、怒其不争，逼迫他们打回去的话就冲口而出了。

心理学有一个著名的“电击狗”实验：把狗关在笼子里面，在笼子的中间设有一个屏障，在狗的一侧给地板通电，狗受到了电击，就会跳到另一侧逃避痛苦。

步骤	屏障设置	地板通电，狗的状态	结果	说明
1	一米高	跳过去另一侧	成功避免电击	实验狗有能力跳过三米以下的屏障
2	三米多高（↑）	多次跳过去另一侧	失败，继续被电击	
3	三米多高	多次奋力跳过去另一侧	失败，继续被电击	
4	三米多高	不跳	一直被电击	
5	一米高（↓）	不跳	一直被电击，哆嗦着躲在角落	

我们可能会感到奇怪：当屏障被设置为三米多高时，狗承受了一大段时间既不能控制又无法逃脱的电击，即使后来屏障被降到一米高，它有足够的能力可以跳过力所能及的高度，但为什么不逃走？为什么会如此气馁呢？

积极心理学之父马丁·塞利格曼认为，无论是人类还是动物，对能力和控制的知觉都是从经验中习得的。他相信，当控制特定事件的努力遭受屡次失败后，人类或动物将停止这种尝试。

就如实验中的狗，由于之前的经历，已经形成了一种认知预期：不管做什么都无法避免遭受电击。正因为失败太过频繁，大脑会把这种失去控制的感觉泛化到所有场景中，甚至泛化到实际自己能控制的事情上。于是，人类或动物会感到自己像被操控的木偶，无助而抑郁，焦虑而自暴自弃，塞利格曼把其称为“习得性无助”，这是一种消极的特殊的心理状态。

同样的道理，家长在孩子被欺负后逼他们“打回去”，给了孩子重重的包袱和压力。尤其那些自我价值感和认同感不高的孩子，当面对体型比自己强壮，精神上比自己顽强的欺负者，孩子只会感到惊恐无助，根本不知道或者忘记该如何保护自己，在家长督促下，他们会更加不知所措、不堪一击。

如果家长长期逼迫，孩子更容易困在痛苦和自卑中，认为被欺负是件无力改变的事，这种被逼迫的后果就会深深地植入潜意识里，一旦开始社交，就会被恐惧所支配，踏入“习得性无助”的怪圈：

“反正怎么努力，我都那么差，都招人欺负，我就是什么都做不好。”

“连比我矮小的同学都欺负我，连妈妈都看不起我，我一无是处，我注定是失败的。”

“我试着去反抗，但妈妈还是觉得我做得不好，我就是没法应付别人。”

这些想法危害甚大，孩子给了自己一个放弃继续尝试的“借口”，把自己禁锢起来。

有时候他们也会涌现出想打“翻身仗”的渴望，期待推翻一直以来的失败结果，改变折磨人的无能感，但内心立刻又充斥着这样的声音：

“做不好怎么办？”

“达不到预期就会被妈妈骂。”

“再失败就更惨痛了。”

“说过我是失败的，千万不要再尝试了！”

这些声音让孩子犹豫纠结，不敢奋力走出来，更无法全然地投身执行。

教育，应当是解放孩子而不是给孩子套上枷锁。

当孩子做不到时，家长要看到孩子的难处，寻求方法协助他做到；当孩子做不好时，家长要看到矛盾中的成长契机，有温度地鼓励他，帮助他成为最好的自己。用“逼迫”，谁也无法说服对方，因为我们每个人都守着一扇只能从内开启的门，即使是家长都不能随意地为自己的孩子开门。在孩子的人生当中，真正让孩子有收获的是那些挫折和困难，它就像一块块垫脚石，使人站得更高更远。

虽然家长都明白这些道理，但是遇到孩子被欺负不懂保护自己，就会忍不住逼他们“打回去”。事实上，家长的逼迫行为来自内心的焦虑，来自以往所建立起的“孩子世界是和谐、安全、可预判”的心理秩序的崩塌。

因此，我们要解决的核心问题是，该如何从源头上控制这种失控的焦虑感。

（1）把焦虑具体化

有时候，让我们焦虑的是焦虑这个情绪自身，压倒我们的只是这种抽象的感觉。如果意识到自己已经陷入焦虑的状态，想要走出来，那么就得下定决心去改变现实细节。当家长有“我要逼迫他打回去，我要改变他”的念头时，就要把焦虑具体化，如：

“我具体遇到什么问题了？让我这么糟糕。”

“是什么促使我如此焦虑？”

然后再问自己：“在这种情况下，我还可以做些什么？”

这就是在不确定中寻找确定性。

例如，在小区里，孩子的物品被别人强行夺走了，但自己不懂得护着，而他的表情告诉了你，他很希望要回玩具但不懂或不敢表达。这时候，家长很愤怒，准备要逼孩子抢玩具回来时，我们就要立刻把焦虑具体化：

“是什么让我焦虑？哦，是孩子被抢玩具但他不敢要回来。”

然后再问自己：

“我还可以做些什么？哦，是示范。”

接着还要问自己：

“怎么示范？”

当理清思路后，家长就有执行的方案了：

首先，可以鼓励孩子表达自己的需求，像“他拿了我的东西，我想拿回来”，告诉孩子如果仅仅是自己伤心和委屈，爸爸妈妈是没办法理解的，请孩子用语言来表示。

其次，对孩子的心情进行反馈：“他抢了你的东西，你感到难过委屈了，我也感受到了。”这样一来可以安抚、共情、肯定孩子的情绪，二来可以巩固孩子对父母的安全感，让自身更有力量面对外界。

再次，带着孩子一起要回玩具，对抢玩具的孩子说：“他刚才正在玩这个玩具，你可以问他同不同意让你玩，或者等他玩完，再给你玩。”我们这样做，主要是给孩子作出沟通的示范，让孩子直接获得经验。同时我们一定要注意自己说话的语气，不要表现出生气，因为那个抢玩具的孩子，实质上跟我们的孩子一样缺乏正确的交往技能。

最后，鼓励孩子以相同的方式勇敢地望着对方表达出来，如果孩子做到了，家长当场认可和赞赏他在解决冲突上的进步。

总之，我们要学会转念，在糟糕的语言冲口而出的一刹那，思考更恰当的操作方法，守卫内心应有的安宁。

（2）进攻大目标

在“把焦虑具体化”成功后，对自己的初步胜利给予肯定，及时用它来激励自己进攻更大的目标，那就是在日常中把上述的“我还可以做些什么”进行泛化。

例如上述的案例，在示范过后，家长还可以多找找机会，陪伴孩子与年龄大一点或者声音响亮一点的同伴玩，当遇到冲突时，当场示范如何说和如何解决，晚上回到家跟孩子再次复盘。这样做旨在把快乐玩耍的经验和有效解决问题的方法放置孩子的脑海里，循序渐进地让孩子建立起安全感，勇敢自信地应对强势一点的孩子，而不再保持警惕和紧张的态度。

（3）检查归因模式

逼孩子“打回去”的家长往往心态比较消极，将一时的困难夸大为自身的、永久的、整体性的障碍。其实这是家长潜意识中的自我保护机制，为的是尽快“挽救”最后可能出现的失败局面。

所以，家长需要提升自己的认知。

首先，这个错并不是孩子的错，而是对方的错，为了对方的错来折磨自己孩子，那实在是不明智的行为；其次，孩子被欺负不懂得应对，不是因为他是个“蠢材”，只是他暂时没有找到合适的方法，能力尚未提升而已，这并不代表他现在或未来整体都是失败的。

（4）卸载过量信息，减轻心理负担

现在的家长都很爱学习，为了解决问题，都在努力增进育儿实力，或多或少地参与育儿讲座和购买育儿专家的著作。但是家长要清楚，学习育儿理论和实践方法固然重要，但在生活实践中，孩子的成长有着种种变量，根本没有一个“被认定的标准”。

当孩子不符合这些“标准”时，家长很有可能会产生很强的挫败感，心里冒出这样的声音：“我做得还不够。”例如没有给孩子足够的关心、力量、时间。这种对“做得不够”的恐惧心理，存在于大多数家长的内心，而且愈演愈烈，从点扩散到面，像一种瘾症。所以，家长一定要客观地总结分析问题，而不是把一切问题都归因到“我做得不够”的层面上，给予自己无尽的压力和负罪感，从而无意地把压力转移到孩子身上，不断暗示和强化孩子的“不够好”。

孩子被欺负不能反抗，不代表我们就是个不称职的家长，不代表我们不懂教育，不能以此来度量我们为人父母的能力。孩子的天生气质、所处的大环境、同伴压力、社会期待等因素都会影响着他们，每个人都有自己的心理节奏、身体状况、认知思维，家长没必要太过自责。

我们本来就不是完美的父母，在看见孩子之前，更需要看见自己的能力和局限，同时知道自己有一部分的“焦虑”是被传统观念、社会因素、专家的训导所带动的。这样我们才能接受孩子的不完美和他本来的样子，不再自我攻击和充满慌乱地进入他们的世界。

不当“直升机”，要当“翻译机”

有些父母似乎每天都很尽责，不停地“审问”孩子：

“别人怎么能这样对你，你没有妈妈怎么办？”

“你上幼儿园还好吗？”

“你确定你自己可以处理吗？”

……

然后给予毫无意义的评估和帮助：

“你永远……还是让我……”

“我就说嘛，你就是……你应该……”

……

这些语言就像一条条捆绑在孩子身上的绳索，像是保护，其实是束缚。

1969年，海姆·吉纳特出版了《父母与青少年》一书，里面出现了“直升机父母”一说，形容父母就像直升机一样一直盘旋在孩子身边，过多地监控、保护和干预孩子的一举一动，乃至整个人生，总是担心会发生什么不幸的事情，最终结果是父母累，孩子更累。

“直升机父母”在日常中过度参与和陪伴，但在孩子的心理上常常缺席，他们会大幅降低孩子处理情绪和行为的能力，打压独立性和创造性思考的发展。

家长要知道自己是不是“直升机父母”，可以看看以下的具体表现，如果有一半或以上是符合自己日常的做法的，那便成了“直升机父母”的代表了。

如果孩子本来就是弱势的，那么“直升机家长”就更要警惕起来。孩子会因为来自家庭的压力产生更多的抑郁情绪问题、更低的抗挫折能力，对他人的评价更敏感，更容易陷入自我怀疑的泥潭，被欺负的概率就会变得更高。

所以，“直升机父母”需要减少控制欲和决策，多倾听孩子内心真正的想法，停止把自己的观念强加给孩子，以爱的语言来鼓励孩子独立地应对外界规则，让他们拥有更多思考空间去建立想法，成为自己想要成为的人。

正如奥斯卡金像奖最佳动画短片奖获奖作品《鹬》，讲述的是一只对海水恐惧的小鹬在妈妈的激励下，最后成功克服困难的故事：

小鹬因为害怕海浪，每次肚子饿了，就在家里等待鹬妈妈回来给它喂食。后来，鹬妈妈没有再帮它觅食，而是不断地鼓励它勇敢走到沙滩并独自觅食。在尝试中，小鹬感受到海水猛烈的冲击，害怕得直发抖，最后在惊慌失措中学着把身子埋进沙子里，既起到保护自己的作用，又能趁机记住贝壳的位置，等海浪退了之后，便能精准地吃上贝壳肉了。

如果鹬妈妈一直往小鹬嘴里送食物，小鹬可能永远也学不会生存的技能。就像我们的孩子，尤其是被欺负的孩子，更需要家长的推动和鼓舞，去发现周围世界的惊险，慢慢融入多元的社交生活，这个阶段也正是孩子解锁新技能的契机。

针对孩子的社交能力，“直升机父母”必须脱离恒久占有孩子的角色，变成智慧的“翻译机”，掌握一些实操性的话术，学会退出并站在一旁为孩子的挑战而喝彩。

孩子的做法	家长的态度	家长的说法
比之前有进步	肯定孩子为社交的努力付出	“你今天表现得很勇敢！” “我看到你能尝试，真有进步！”
完成有挑战的事情，例如大胆拒绝别人的强势指令，以坚定的姿态维护自身利益，响亮地说出不同于别人的见解……	肯定孩子的立场和坚持	“当面临别人的挑战时，你坚持做你自己，我为你自豪！” “我知道你一直没有放弃，不管多么艰难。”
积极解决问题	肯定孩子在解决问题时的心理品质	“你处理问题非常积极，我要向你学习。” “你在商量事情时，一点都不怕困难，这点很难得！”
某一细节有突破	针对性地在某个方面表示欣赏	“你说话越来越响亮了。” “我发现你友善、遇事不退缩，这些品质越来越明显了。” “老师说现在的你很愿意分享故事书给大家看，大家可喜欢这样的你呢！”
有创意地交流和解决问题	肯定孩子勇敢跨出的每一步	“你这个解决方式很有想法，又有创意，我想你应该花了很多心思。” “我相信你努力地想了不少方法，这真让我高兴啊！”

续 表

孩子的做法	家长的态度	家长的说法
在集体中发挥作用	肯定孩子的团队合作精神、多赢意识	“我看到你跟小伙伴们合作得很密切，商量得很透彻。” “你们能够互相帮助、接纳，知道这是什么吗？这就叫作团队合作！你看，你们做到了！” “你的头脑很灵活，刚才你为大家献计献策，实在太有意义了！”
尝试负责事情	肯定孩子的领导力	“你负责这件事时，很有同理心和目标感，这是你的优势所在。” “在这件事上，最让我难忘的是你的判断力，而且这是你独立判断的！”
帮助别人	肯定孩子的热心	“你帮助了小明，赠人玫瑰，手有余香，真是热心肠啊！” “今天老师说你帮她找回发卡，特别感谢你。”
对自己的判断有信心，不被别人牵着鼻子走	肯定孩子的选择	“真开心你做出这样的选择，好样的！” “你的决定我很认同，大家都觉得不错。” “你这样做很不错，以后也要这样哦，永远相信自己。”

续 表

孩子的做法	家长的态度	家长的说法
虚心接受别人的意见，同时能够表达自己	肯定孩子的豁达和勇敢	“你很重视听取别人的意见，你的意见也让大家很惊喜！” “你安静地听完别人说话后，自己的表达也很精准。” “你能听、敢说，这样大家都了解你的想法，相信大伙都支持你！”

“直升机”模式下是全能的家长，全不能的孩子；而“翻译机”模式下的是全能的孩子，当容器的家长，家长身心同频共振到孩子的感受，对孩子的社交放心而充满期待。

老子曾说过：“识不足则多虑，威不足则多怒，信不足则多言。”这句话很好地解释了为什么有些家长总是很用心地培养孩子，最后却事与愿违。正是因为养育会伴随着各种“多虑”“多怒”“多言”，所以才会让孩子无所适从，导致他们面临更多生活上、社交上、家庭关系上的破碎。

从“直升机”到“翻译机”，不是爱增多或减少的问题，而是关系的改变，是完全改变亲子双方关系的全过程。

以快乐感来提升个人价值

我养一只小宠物，把它拥入怀里，听不到妈妈的唠叨：“把它拿出来，太不讲卫生。”“这样你会生病的！”

我买一个又新又酷的玩具，听不到妈妈的埋怨：“可贵了，钱是爸爸妈妈辛辛苦苦赚来的。”“又买，家里不是很多吗？”

我跟小朋友一起疯狂玩耍，听不到妈妈的担心：“要分享。”“小心点！”“这样不可以！”

我静静地发呆，听不到妈妈的干扰：“今天你在幼儿园里吃得饱吗？”“钢琴练得怎么样？”

我吃着冰激凌，听不到妈妈泼冷水：“吃了这个，吃饭要多吃一碗哦。”“会拉肚子的！别吃了。”

我在下雨天“啪啪”地踩水，抬起头舔着雨水，听不到妈妈的提醒：“太脏了，快打伞，感冒可别找我！”“危险！滑倒了怎么办？”

孩子要的快乐就是这么简单！

1. 放弃“紧”，爱得“松”

面对一个经常被欺负的孩子，家长希望提升他的个人价值感，采用的方法很可能是家长担起责任，为孩子付出很多，不断地教他自我防护的技巧，把孩子的弱点和劣势一一抹去，督促他做事要比其他人做得更强更好，使劲地在行动中成长。

其实，这种做法与期望是背道而驰的，孩子的个人价值感并不会因此而得到提升，即使在短暂的一段时期里真的改变了，弱势扭转了，但很快就会被“打回原型”，因为在孩子内心深处，仍然会跟其他比自己更好的人比较，发现自己不好的地方，自卑地把标准无限提高，来“坚守”低价值感的阵地。

我们很容易简单地认为个人价值感高，就是确定我自身有很多优点，有很少缺点；个人价值感低，就是确定我有很多缺点，有很少优点，其实这是错误的。

个人价值感高的孩子会通过各种体验来证实自己是个出色的孩子，然后慢慢打开内心，去探索、冒险，过程中认同自身的缺点，把其视为跟优点和成就感并肩而行的不可或缺的要素，而且因为拥有来自家庭的足够的爱和满足感，即使身上有很多缺点，也不会担忧自己不能获得爱，这些想法夯实了本来的个人价值感，进入良性循环，形成更高的个人价值感。

所以，家庭的爱、关注和尊重对提升孩子个人价值感来说很关键。心理学“镜中自我”的意思是：个人对自己的看法与评价往往是参考他人对自己的反映而来的，而发展心理学家直指“他人”就是养育者或其他亲近的亲人。

如果家长催促、鞭策孩子强大起来，传递担忧焦虑的情绪，那么孩子就不能得到适当的理解和抚慰，不能拥有快乐的感觉，信心也会被削弱。

相反，如果家长并不“紧”，而是轻松简单地让孩子感受纯粹的快乐，在基本的物质满足和身心安全的前提下，父母能独立于他的存在之外，并非时刻证明自己是孩子的“造物主”，那么这个孩子的世界会被扩展，人格能力会发展得很好，个人价值感会被提升，能尽情享受命运恩赐的惊喜。

我们重点要考虑的是，纯粹的快乐环境应该是这样的：

孩子是身心愉悦的；

孩子能放松做活力四射的自己；

孩子的自由意志能得到充分支持；

孩子有需求时能被痛快地满足。

2. 被误解的快乐

但在现实中，孩子们往往是按照父母、学校、社会所约定俗成的“标准”来“快乐”的，例如做正确的事、正常的事、优秀的事，像机器人一样重复执行“对的”“好的”指令，然后就拥有了轨迹中的成就和出息。这种“快乐”遮掩了孩子的本性、爱好、冲动，背负着对父母的原罪，满足上一代人的自恋。

打个比方，家长很重视孩子的饭桌礼仪，如果孩子吃饭时洒下米粒，发出咀嚼的声音，踢一下凳子，多夹了菜到自己碗里，家长就会认为孩子不礼貌，要改正孩子，直到做到规规矩矩地吃饭为止，久而久之，孩子学会了遵守饭桌规则，很体面很光鲜，所以他很“快乐”。

家长很重视孩子的课堂表现，老师反映孩子在教室里会大声说话，这样会打扰到别人；偶尔有打闹的动作，这样是不文明的行为；有时会说不雅语言，这样对老师是不尊重的。家长得知后马上要求孩子向老师同学道歉，学会有礼貌地对话，严厉训练他能安静地“坐得住”，久而久之，孩子学会了遵守幼儿园纪律，很听话很争气，所以他很“快乐”。

孩子的天性是扩展自我，听从内心的呼唤。如果事事都要按照这些所谓的“家规”“园规”来抓生活细节，即使最后能达到“教育成果”，也并非源于孩子对环境的感知和尊重，更多的可能源自恐惧被评判。正如英国教育家 A.S. 尼尔所说的：“一个屈从的孩子不会长成一个真正的人，他可能只会成为一个自卑的刻板者。”

3. 真正的快乐“不标准”

恰恰相反，本性、爱好、冲动才是孩子最纯粹的快乐，因为这些是活出自己生命力的证明，是自由意志的发展。

正如诗人海桑的诗：

一个小小孩，如果他干干净净
衣帽整齐，如果他规规矩矩
这可并非一件多好的事
如果他一开口
便是叔叔好阿姨好再见你好
如果他四岁就能让梨
这又有什么意义
一个小小孩，应该是满地乱滚
满街疯跑，脸和小手都脏兮兮的
还应该有点坏，有点不听话

他应该长时间玩着毫无目的的游戏

他是一只自私、可爱又残酷的小动物

他来到世上，是为了教育我们

让我们得以再一次生长，而不是朽坏下去

甚至孩子还可以做一些逾矩的事，上树捣鸟窝，下水掏泥鳅，一周不洗脸，在地上像蚂蚁那样爬行，跟朋友来一场大决斗，在背后说说同学的小秘密，偷偷在保安的视线外闯进大门，在厕所里进行纸团大战……这些“坏行为”“闯小祸”都是不可多得的童年趣事。

曾经有人到养老院访问老人，在一生中，他们认为最快乐的事是什么？大多数老人都给了同一个答案，并不是年老时的身壮力健、琴瑟和鸣，也不是年轻时的功成名就、大富大贵，更不是童年时的奋笔疾书、名列前茅，而是童年那段斗鸡打蛇的“搞破坏”时光，自由撒野、无拘无束、惹是生非的冲劲让他们不再年轻的心重回少年。可见，这种纯粹的快乐能伴随我们一辈子，能强壮我们的生命，就像“人生巅峰”一般存储在心里。

但现在很多家长阻碍孩子陶醉在自己的快乐中，表面看是为孩子考虑，实际上内心有一个声音：“不能让他们在这个事情上高兴，要阻止，不能太满足他们！”

一是因为家长不能跟孩子同频共振，认为自己的世界就是孩子的世界，认为那些是无聊且微不足道的事情，孩子也不可能在这些事情上得到快乐，不如找点正经事充实人生，这是家长自私自负的“一厢情愿”；

二是家长本来就是快乐匮乏的受害者，他们可能从小就被原生家庭灌输“只有严肃认真，才是理想的生活”“吃得苦中苦，方为人上人”“逆境才让人清醒和成功”，例如，童年时没有得到过父母的呵护，没有听过父母的赞美，没有被鼓励过大胆做自己，就这样一路走来，不快乐是一种常态。所以，现在也要剥夺孩子的快乐，只有这样，才能跟我一样“成功”走过来，如果快乐被满足了，那孩子就是被溺爱了，就容易骄傲浮躁、不务正业，变得没有规则教养，为了将来的幸福，一切都要确保谨言慎行、少年老成。

所有剥夺快乐的行为都是残酷的，孩子的欲望是要重视珍惜的。欲望本身就不是什么需要抑制的坏东西，它是一个能扩张自我、克服屈从的好感觉，它能为那些驼着背、弯着腰、低着头的孩子充电，让他们两眼保持光芒。

孩子太多真正的快乐都藏在家长“看不见”或者不愿“看见”的地方。如果希望孩子拥有较高的个人价值感，那么就请家长为自己的安全道德领地“减负”，为“不标准”的快乐让步。“顺应”要比“控制”难很多，做减法要比做加法智慧得多。

家长应该努力去创造出更丰富的体验让孩子快乐，要知道，那些受到滋养的胸腔，自然会装满个人价值感的正能量。当对孩子的快乐不设界限时，我们何尝不是得益者，被纯粹的快乐感染和反哺？

懂得调节“坏情绪温度计”

情绪就像个温度计，温度越高，行为就越激烈，其他身体语言信号也越显著：

轻度的情绪波动，如同40℃的炙烤温度，孩子会很不耐烦，说话没好气，爱理不理；

中度的情绪波动，如同60℃的蜡烛熔点，孩子会明显地生气、大喊大叫、在地上打滚、扔东西、摔门而出；

极度的情绪爆发，如同100℃的沸水，孩子会尖声呼叫、拳脚相加、攻击自己、诅咒他人、离家出走。

被欺负后的孩子闹脾气，有些家长心如刀割，有些家长烦躁困扰，有些家长不知所措，其实都没有必要。

我们成年人在生活中遇到困难也会有坏情绪，甚至会失控，在无人的夜晚大哭一场，约上三两知己借酒消愁，对着爱人数落一番，这样才能抚平伤痕。

对于孩子来说，就更加需要释放感情了。一来这本就是与生俱来的与生活息息相关的能力，二来如果愤怒长期积聚在内心不发泄出来，会变成对自己的折磨，让自己负担很重，影响身心健康和思维发展。

无论是好情绪还是坏情绪，都是正常的情绪，没有对错好坏之分。坏情绪，是孩子自我肯定、勇于抵抗的表示，它的深处是渴望，渴望满足未能实现的需求。如果没有坏情绪，那就意味着我放下愤怒和不甘，我得不到就得不到了，完全不在乎。

被欺负后的坏情绪，是渴望欺负者不要再这样对我，渴望以防御来避免虚弱和无能，渴望爱我的人给我更多关爱，这是一种推动自己的力量，挖掘勇气来面对社交问题，保护自己不再进一步受伤害。所以，家长要尊重孩子的坏情绪。

但是，坏情绪所激发起的行为有可能是坏的。家长要把孩子有坏情绪的权利与坏情绪产生的行为区分开来。由于孩子的行为能力有限，他们通常用不恰当的行为来行使自己发泄坏情绪的权利，例如大喊大叫、扔东西、攻击自己或他人、离家出走等。

不能理解孩子的家长会排斥这些行为，而能够理解孩子的家长会觉察到孩子行为背后的委屈，即使暂时不能很好地跟孩子一起处理问题，但依旧想办法通过努力去改变一些什么，为孩子的身心发展做加法。

如果家长能够充分了解孩子的“坏情绪温度计”，在刚开始进入脾气爆发区时就积极引导，孩子就很可能不会作出不良行为，更不会发展到不可收拾的地步，而是选择适宜的行为来表达。

那家长该如何调节孩子的“坏情绪温度计”，帮助他们建立情绪管理的能力吗？

1. 识别坏情绪

平时要在孩子身上播下识别各种情绪的种子，让它们慢慢发芽、生长、成熟。

特别有意思的是，许多家长都很喜欢扩展孩子关于积极情绪的词汇，例如“激动”“自豪”“期待”等，但就是忽略教会孩子一些负面情绪的表达。这是为什么呢？因为在家长的潜意识里，只希望自己的孩子体会到持续的快乐，而刻意避开一些不好的经历。

事实上，家长很有必要让孩子随时随地地学习大量表达内心不满的词汇：

气恼	悲伤	忌妒	沮丧	憎恶
愤怒	悔恨	烦乱	憋闷	歉疚
焦躁	悔恨	糟心	彷徨	失落

为了让孩子熟悉这些词汇，家长可以夸张地展现出对应的表情，让孩子识别情绪和即时反应。或者，可以给予场景，这样提问：

“家里的小猫不见了，你看爷爷眉头紧缩，他怎么了？他的心情怎么样？”

“外面是不是传来什么声音？你看奶奶脸色都煞白了，她是不是很惊恐呀？”

“今天爸爸的会议一个接一个，现在呆呆地坐在沙发上，双眼一直盯着远方，你猜他是不是有什么烦恼啊？”

当孩子看绘本和动画片时，也可以这样沟通：

“猎人的表情代表什么呢？如果是你，你会怎样想呢？”

“天啊，老虎居然这么说话，你想大象听了会有怎样的心情？”

“如果我们希望绘本里的主角开心起来，你觉得他应该怎么做呢？这样做他的心情会怎么变化呢？”

有时孩子未能说出精确的词语，那么家长可以直接给出自己心目中的答案：

“主人公要是有这样的经历，他真的很愤怒！”

“兔子输了比赛，有一点点沮丧。”

在一系列的熏陶下，孩子逐渐能自如地识别负面情绪，这正是他们向内看清自己、理解自己、接受自己的时候。

2. 表达坏情绪，并解决问题

当孩子有坏情绪时，如果家长的态度是压制，就等于告诉孩子你要隐藏自己的情绪，表达只会让人失望。相反，我们应该鼓励孩子表达坏情绪，说：

“我能感受到你很生气，能把感受告诉我吗？”

“妈妈觉得你有点愤怒了，对吗？”

在孩子表达了感受，家长示意自己理解后，再尝试引导孩子共同解决问题：

“我们一起来解决问题吧，你认为应该怎么办好呢？我在听。”

举个例子，小安回到家后伤心地大发脾气，因为好朋友湾湾突然不理睬自己，还让其他小伙伴都不跟自己玩，这时候，小安妈妈的做法应该是这样的：

步骤	语言	作用
用眼神和语言帮助孩子确认自己的情绪状态，蹲下来并用平静的眼神看着孩子，也鼓励孩子看着自己	“你是不是生气了？” “看得出来你愤怒了。”	孩子能感受到家长理解自己，这有助于减少过激的愤怒行为
⇩		
鼓励孩子大声说出自己的愤怒和原因，而不是用动作或者尖叫来表达，如果孩子说不出，也可以由家长代孩子说出愤怒	“你委屈是因为什么呢？说出来会好受好多。” “你生气了，因为湾湾没有理睬你，她还带动其他人不跟你玩，对吗？”	有时孩子需要我们的提示才能厘清自己生气的理由，对事件逐渐清晰
⇩		
共情孩子	“我知道你心情不好，我能理解你的感受。”	达到同频共振，为顺利解决问题作铺垫
⇩		

尽量鼓励孩子独立积极思考问题的解决方法，如果确实想不出，家长也可以提出可操作性高的方法，帮助孩子积累经验	“你认为应该怎样解决这个问题？让大家都开心回来。” “我们拿一个新玩具问湾湾和大家要不要一起玩，或者直接告诉湾湾她这样做很伤人，这样做可行吗？” “之前你跟湾湾是不是发生了什么矛盾？要不先跟她商量商量？” “你照样跟其他朋友玩，对湾湾暂时冷淡处理，你认为怎么样？”	增强孩子解决问题的能力和社交自信

认可孩子从发脾气到冷静思考的转变	“这次的交流太愉快了！谢谢你跟我一起想出这么好的方法，记得下次我们也要这样说出来哦！”	强化效果，推动沟通常态化

家长长期用这样的思路来引导有坏情绪的孩子，让他们形成条件反射，当碰到问题时学着用语言表达，并寻求解决问题的方法。

为了让孩子能拥有更多机会表达、解决问题，家长还可以跟孩子一起制作情绪卡片，在情绪卡片上写上或画上各种各样的情绪符号，比如“激动”“兴奋”“伤心”“愤怒”“懊恼”，然后把卡片放在一个小纸箱里，家长和孩子轮流抽出卡片，根据抽中的卡片上的情绪符号，讲述自己跟这个情绪有关的故事，并共同想方法处理该故事中的问题。

3. 宣泄坏情绪

我们需要摸索清楚最适合自己孩子的宣泄方式，让孩子明白当有坏情绪时，不一定要大发脾气，可以采用其他一些较好的方法：

有些孩子以拍打沙发、枕头来宣泄；

有些以画画、数数、听歌、拼拼图来宣泄；

有些以洗澡、吃饭来宣泄；

有些以唱歌、跳舞来宣泄；

有些以做运动、找人聊天来宣泄；

……

这些正确的宣泄方式告诉了孩子，一切遭遇都会引起情绪反应，它仅仅是自己念头的一部分，并不代表整个人的意志，我们完全可以通过好玩的方法将坏情绪操纵在自己手中，不被裹挟。

4. 提前练习

家长需要多观察、收集孩子在社交生活中容易产生坏情绪的问题与情景。在孩子心平气和的时候，跟他重温、演绎事件，一起练习好好说话，思考每个事件的可行方法。因为这个时候孩子是理智的，家长可以告诉孩子你很明白他的情绪，但是不好好说话，我们永远不能帮他解决问题。

日后，当发生同类会引起愤怒的事情时，家长提前提醒孩子要慢慢说，像平时演绎时那样说清楚和解决就可以了，这样可以大大减少孩子崩溃的概率。

5. 爱的语言

在调节“坏情绪温度计”时，有些话术家长需要掌握并灵活应用起来，孩子会更容易接受。

孩子乱扔玩具	×	“你再扔，我就把你给扔出去！”
	√	“玩具可伤心了，还会为你哭泣，妈妈和你心爱的玩具也想知道究竟发生了什么事情，你能告诉我们吗？”
孩子打人踢人	×	“你这种粗野的行为，像个小流氓！”
	√	“我看得出你很生气，其实妈妈很多时候都像你这样，来，小嘴巴说一说，小手小脚藏一藏，要不伤害到别人啦。”
孩子哭闹不受控制	×	“有完没完！你自己闹个够吧！”
	√	“来妈妈的怀抱里冷静一下，这样你就舒服了。”
孩子不愿意配合	×	“快去吃饭！像我们都得罪你一样！”
	√	“米饭宝宝想来探望你啦，你想先吃米饭宝宝再跟妈妈聊聊，还是先跟妈妈聊聊再吃米饭宝宝呢？”
孩子什么都听不进去	×	“我安慰你你不听，好了，以后别想我能耐心地跟你说话！”
	√	“要不妈妈在你耳旁轻轻地再说一次好吗？我们一起来面对吧。”

也许家长看到的是眼前的扔玩具、打人踢人、不受控制、不愿配合、听不进去……但这些只是导火线，孩子真正爆发的原因，可能是之前还没有被处理的“汽油罐”，像之前经历过

的挫折、困难、不顺心等。爱的语言，是站在孩子的角度，让他们从失控中抽离出来。

坏情绪是一种渴望，一种憧憬，一种情感连接，更是一种对自身的爱，一种寄托，一种保护，它并不可怕。家长只需要给予孩子时间和耐心，营造宽容豁达的成长氛围，孩子就会慢慢平静，为自己的情绪负责，这时再回过头去解决事情，就变得容易多了。

以运动来改善性格弱点

网络上有个很激奋人心的视频：

一个6岁的小男孩，由于要搬家转园，他所在的幼儿园特意为他举办了“一个人的毕业典礼”。在欢送之余，老师还给了孩子一项挑战——十段跳马。

“请坚强点！”这是老师经常对爱哭的小男孩说的话。跳马对于小男孩来说是显著的体育弱项，他因此受挫败而多次哭泣。这次的十段跳马远高于他的能力，但在同学和老师的鼓励下，小男孩勇敢地接受了挑战！

第一次失败，第二次失败，第三次失败……小男孩多次失败。瞬间，所有孩子从座位上走过来，跑到小男孩的身边围成一个圈，整整齐齐地为他加油打气：“你能行！你能行！你能行！”

太激昂了！奇迹真的出现了！小男孩再次鼓起勇气，准确地踩到了踏板上，接着顺畅地跳过了十段的高度！

藏在运动里的魅力，不一定是竞技场上的功成名就，更多的是改变退缩的心态奋勇争先到达充满挑战的彼岸；不一定是运转机器般地挥洒汗水，更多的是对焦虑、坏情绪、自我怀疑的内耗；不一定是追求矫健的步伐或美丽的弧线，更多的是培养自己对人和事的坚定判断，对解决问题的毫不犹豫。

1. 运动能提升自我效能感

心理学家班杜拉的著作《自我效能——控制的实施》中指出，具有高自我效能感的人，会相信自己可以应对生活中的各种事件，克服困难，坚持到底，认为自己可以成功，也更愿意付出努力，这是一种积极的思维力量。

高自我效能感对孩子各种生活表现和行为有积极的推动作用，包括在社交中不被欺负，实施自我保护。而影响自我效能感最大的因素，就是过去积累的经验和对未来的规划与想象，这些“我可以”“我希望”的日常事件，就是产生自信和能动性意志的基础。

提升自我效能感最直观高效的途径，就是在运动，它比起其他事情更容易让孩子感知到自身的飞跃。

而且，运动的“我可以”“我希望”可以沉淀为其他能力的基础，辐射其他领域，从而得到自信泛化，在生活中植入更多的“我可以”“我希望”：

我可以跳绳了！我可以玩溜索了！我可以跨过木桩了！

↓

我可以做到很多意想不到的事情！

↓

我真的可以拥有这么大的力量！

↓

我希望我能够解决更多问题！

↓

我一定可以做好自我保护！

↓

我希望以后对他们说“不”，不是件难事！

……

这就是运动所带来的自信横向发展，弥补了本身性格的弱势。

加上在运动中老师和家长给予孩子正面的评价和鼓励，能帮助他们建立良好的自信，塑造健康心智。

2. 运动能提升社交规则感

没有任何一项运动可以脱离规则而存在，无论是个人还是集体项目。

例如在晨圈锻炼中，如果别人把自己的工具据为己有，运动规则让我们清楚每个人的任务和义务，孩子要学会说：“这是我的！”“你不能拿别人的东西。”

例如在篮球训练中，如果别人恶意把篮球扔过来，运动规则让我们清楚每个人的安全边界，孩子要学会说：“你不可以伤害我，请尊重我！”“请你向我道歉！”

例如在攀爬运动中，如果别人一定要我们按他计划的路线来走，运动规则让我们清楚社会分工网络的自主性，孩子要学会说：“你这是控制我，我可以走自己的路线。”“我有我的想法，你有你的想法，请尊重我的想法。”

建立和提升规则感是社交成长的重要课程，它教会孩子，若要融入这个世界，就要逐步真正了解、理解和接纳规则的内在逻辑，不仅要学会控制自己的行为，而且要懂得守住底线，掌握拒绝别人的能力。

3. 运动能提升合作意识

篮球、足球、接力跑，又或是一些专门设计过的运动游戏，像“千脚虫赛跑”“搂腰拔河”“二人三足”等，都要求孩子们团结协作、承担责任、积极分享，感知相互之间的配合与默契。孩子能通过别人的评估，以及自己对成败输赢的理解和期待，客观地认识自己在集体中的水平。

更重要的是，孩子在集体运动中能获取“身份认同感”，找到属于自己的位置，认知自我价值。孩子合作意识强，对于现实中的社交会更得心应手，更客观自信地解决问题，引起性格、自我观念的积极改变，更有底气地求助他人，从中做出自我保护。

既然大运动能改善孩子的性格弱点，那么，家长该如何让孩子爱上运动呢？原则是“顺应兴趣，恰当推动”。

家长除了要客观地认识孩子现阶段的体力，合理设置运动项目和运动时间之外，更重要的是让孩子选择自己感兴趣的运动，兴趣是养成运动习惯和坚持下去的基础条件。

一位足球教练认为“虎父无犬子”，不仅悉心教导四岁的儿子踢足球，还为他报了训练强度高的足球班，但他忽略了孩子自身的性格和意愿，孩子就是不喜欢激烈碰撞和集体性运动，最后，爸爸的“望子成龙”成了“竹篮子打水一场空”，孩子不仅更加讨厌足球，对类似的运动也左躲右闪。爸爸反思并开始让孩子尝试自主性强的运动，像游泳、溜冰，这些运动恰恰符合孩子的兴趣，所以孩子乐此不疲，表现得特别有潜力。

家长鼓励和支持孩子发展自己最感兴趣、最专注、最擅长的运动领域，是多么智慧的事情。

我们要洞悉孩子最经常提问的相关运动的问题，从这些提问中发现孩子的爱好点，或者仔细观察孩子在各种运动表现中显露出来的才能，如果孩子对某一项运动聚精会神，玩得时间特别长，表现得特别好，那么这些都有可能是孩子擅长的项目，家长可以为孩子创造条件。

如果孩子对攀爬运动感兴趣，那么家长可以多带孩子玩绳网、索道、滑梯、吊桥、悬空木桶、攀岩等，孩子随着攀爬距离、高度的变化，能够从新的角度去观察环境，增强胆识；

如果孩子对球类运动感兴趣，那么家长可以多带孩子踢球、运球、投掷球、躲避球，甚至可以报球类兴趣班来增强技能；

如果孩子对障碍游戏感兴趣，那么家长可以多带孩子在树林里奔跑，躲避木桩，走独木桥，跑直道急弯；

如果孩子对休闲、没有竞争性的运动感兴趣，那么家长千万不要埋怨孩子“没有运动细胞”，可以多带孩子跳皮筋、跳房子、踢毽子、慢跑，这些简单又有趣的运动能协调身体，锻炼肌肉力量，逐渐激发对其他运动的兴趣。

然而，孩子对于某一项运动感兴趣，一开始可能很投入，但过了一段时间就表示不再坚持了，家长该如何引导呢？

首先，家长要允许孩子表达“不坚持”，并对此做好心理准备。“不坚持”在很大程度上体现了孩子现时对这项运动的状态。如果就严厉批评孩子半途而废，觉得他浪费了时间和曾经付出的精力，那么就有可能错过倾听孩子的机会。

其次，家长要弄清孩子为什么“不坚持”，是因为内容枯燥了？跟一起运动的小伙伴闹矛盾了？遇到了困难不能解决了？家长或教练施加压力了？情况有很多，家长需要主动帮孩子就问题针对性地想方法解决。

如果在长时间的努力后，孩子还是表达“不坚持”，那么这时候家长应该把决定权给孩子。只要孩子能明确自己要追索什么，不想要什么，活出自己的个性，坚定自主的人生道路并对其负责，而不是屈服于成人的权威，按照家长的意愿走“应该”的路，才是真真正正实现兴趣的过程，难能可贵就在于此，这需要家长广阔的胸襟和格局。

柏拉图曾经说过：“教育，是人走出愚昧无知的管道，而运动，是人走向强大、突破自我的管道。”运动能让我们从本质上变强大，更是加强社交能力、处理冲突的重要基础。特别对于如今生活在条条框框里的孩子来说，家长更应该多提倡孩子通过运动的方式，适当地变得疯狂一点，让自信的维度更多元一些，收获由内而外的成就感和社交生存能力。

第四章

强化技巧练习，掌握解决冲突的方法

应对被打——一鸣惊人

企业家李嘉诚曾经说过："我告诉我的孙儿，做人如果可以像'仁慈的狮子'，你就成功了！"孩子需要保持仁慈的心灵，但同时，如果遇到伤害，狮子是有能力去反抗的！

孩子被打，从心理上感到同伴或团队的排斥，自己所期待的和谐被毁掉，所努力建设的友谊被破坏，这种失落感会阻碍孩子思考如何解决问题，而家长最有建设性的帮助就是理解并促使他们掌握一定的应对技巧。

1. 大声喊出来

我们可以在家做个小测试，和孩子玩角色扮演游戏，特意去"打"孩子，让孩子使劲地大喊，结果会是如何呢？孩子的喊叫能否跟我们所预期的一致呢？事实上，有研究数据表示，80% 的孩子是不愿意叫喊的，即使喊出来了，也是克制柔和的。

但家长也许会想：孩子玩游戏不愿意叫，不等于在外被打时不会喊出来呀！但现实是，很多孩子在危急中也没有勇气喊出来，即使是那些平时在家里就是个大嗓门，当兴奋或者愤怒时就声如洪钟的孩子，在外真正需要大喊的时候却派不上用场了。

虽然如此，家长也不需要过于担心孩子喊不出来，因为有一部分孩子正在内心衡量环境与自我，作出自我保护和思考，表面是逆来顺受，但实际上是自我防御，并非屈服而是沉淀蓄能，这也是心理发展的一个过程。

平时，当孩子情绪良好时，家长可以提出建议："当别人打你时，要立即喊'不可以''不能打人''老师来了''你不对'"，在喊叫的同时，鼓励孩子望着对方的眼睛，把话响亮地表达出来，这些都能让对方知难而退。

家长还要教会孩子在说话时"横眉怒目"，跟孩子在镜子面前展示，让孩子学习起来，告诉他们这样的表情更能清晰表达自己的生气、不畏惧。美国儿童心理专家迈克尔·保巴说过："在被欺负时，你脸上怎样的表情比你说的是什么更重要。"

实战游戏可不能少，家长扮演故意"打"孩子，让孩子当场大声拒绝、避开、放声呼叫，还建议他们用一些夸张的动作来吸引周围人的注意，让自己摆脱伤害。在游戏中，如果孩子表现出退缩，不愿意喊，那么家长不要说"连叫喊都害怕吗？真没用""说呀！有什么好怕的"这些逼迫的句子，而是要多抱抱、拍拍他，告诉他无论何时，爸爸妈妈都在身边，安抚后让他再来一次。

针对一些确实不愿意喊出来的孩子，家长可以通过一些"能量物"来提供帮助，以调整孩子的情绪状态，增强自信心。

例如，小女孩经常被后排的男生踢椅子而不敢反抗，那么建议家长在家里跟孩子一起制作“能量手链”，把“能量手链”戴在女孩的手腕上，告诉她手链代表了妈妈，是力量源泉，当后排的男生再次踢椅子时，它会让主人勇敢地大声喊出来，就像被赋予了能量一样。

又例如，小男孩经常被同伴用拳头打，那么家长可以交给他一块“包拳头的方巾”，把方巾放在孩子裤兜里，告诉他方巾代表了妈妈，这是用来包裹他人拳头的工具，当下次同伴再使劲用拳时，你就更有力量喊出来了。

虽然真正让孩子走出泥泞的只有自己，但是家长是有方法在精神上给予无穷无尽的动力和希望的。有时候，也需要向幼儿园老师提出提供帮助的请求：当看到孩子被欺负时，请提醒他用自己的力量反抗，鼓励他成为能保护自己的人。

一位妈妈的孩子安静谨慎、沉默被动，面对被欺负也逆来顺受，妈妈很心痛，于是在家跟他练习如何大喊，并和老师进行全面沟通。后来，当老师看到孩子在班上被欺负时，就会装作不经意地提醒他：“妈妈和老师都相信你是个能保护好自己的孩子！”老师并没有告诉他怎么做，而是给他精神上的鼓舞。逐渐地，孩子能够稍微应对了，之后老师适当降低提醒的频率，最后过渡到孩子完全不需要提醒都能以大声叫喊来实施自我保护。

还有一些让人意想不到的方法，比如有些家长为了孩子能以大喊来保护自己，就送他们去学声乐、朗诵，结果孩子真的因为学了声乐、朗诵能大喊击退打人者了。难道声乐和朗诵真的能让孩子成为“大嗓门”吗？其实不然，原因在于孩子从声乐、朗诵的学习中懂得了什么是喜怒哀乐的情绪，同时也提升了自信心。

另外，家长应该多反思自己是否会为生活琐事、原生家庭等问题控制不住自己的情绪，经常以吼的方式来掌控孩子。长期如此，孩子在家长面前会变得听话乖巧，而实际上却对声音产生了恐惧。

相反，如果家长把家庭语言视为一朵花，而并非一把刀，最后肯定会发现，所有温暖柔软的提醒比起锋利的指责，更能让孩子对外界勇敢说“不”。

2. 保护自己的重要部位

尽管幼儿园老师会轮流照顾孩子，但她们不一定能够全面地看到集体生活中的小细节。有时候欺负人的孩子一时冲动，下手没有轻重，可能会攻击对方的某些重要部位，像头部、肚子、生殖器。家长要提醒孩子关注自己的安全，尤其在躲不开、反应迟缓的时候，要更加有意识地减少伤害。

平时爸爸要多跟孩子示范正确的自我保护动作：双腿分开一定的距离并站稳，一手遮着脸部，一手护着肚子和裤裆。然后跟孩子强调说：“这些部位绝对不能被碰撞，一定要保护好。”这样的动作记忆远比只说道理要有效。

爸爸也可以演示不同地点的保护方法：

例如在墙角被打时，我们需要与墙角空出一点距离，如何转过身去抱住自己的脑袋，把后背对着对方，告诉孩子这样无论对方怎么打，也打不到自己的要害部位。

如果在有桌子椅子的地方，演示如何钻进去并抱着头来保护自己，保持全身紧张的状态。

如果在被打人者追赶时，不小心跌倒在地上，没有办法立刻爬起来时，要双手抱着头侧躺在地上，把腿向上屈，身体蜷缩，告诉孩子这样既能减少受害面积，也是用姿态来向老师和伙伴求助：看！有人正在打我，我很痛苦，快来帮我。

除了直接的演示，家长还可以用绘本故事、动画片、玩偶演绎等方式来让孩子记住动作要点。总之，尽量多训练孩子，用肌肉记忆来记住自我保护的动作。当攻击到来时，能以最快的速度作出条件反射，尽管在紧要关头孩子不一定有能力把所有技巧一一派上用场，但默默蓄力是很有必要的。

3. 锻炼体格

打人者大多是恃强凌弱的，当孩子具有身体优势，看上去“不好欺负”时，他们就不会主动招惹、自寻烦恼，就算真的找上门来，凭借身体上的优势，也能及时大力推开挣脱。

家长需要强化孩子的身体素质，练就他们的力量、耐力和韧劲，所有的锻炼不需要过于刻意、强烈、高标准，只要在欢松的状态下进行普通的体能训练即可，或者把目标定为不轻易被别人吓到或哭泣就好。

多抽时间跟孩子进行户外锻炼，像走、跑、跳、投、平衡、钻、爬……又像小律动、走独木桥、金鸡独立、学动物爬行……接受日光、空气和水的沐浴，逐步经受外界环境变化的刺激，让身体自行调节，与外界环境保持平衡。亲子游戏也是个不错的选择：

例如“袋鼠跳跳跳”游戏：请孩子当小袋鼠套在大麻袋子里，家长在“小袋鼠”后面捏住袋子两角，跟孩子一起从起点跳到终点，其中脚不能碰到沿路的障碍物，碰倒了就要重新开始；

“推小车”游戏：家长抓住孩子的两条腿，孩子双手撑着地，听到口令之后，孩子双手向前爬，看每次到达终点的时间有没有缩短；

“羊角球接力”游戏：家长和孩子面对面站在相距一定距离的起跑线上，游戏开始后，由家长骑着羊角球向孩子的方向跳去，然后将球交给孩子，孩子再骑坐羊角球向家长起跑线跳去，一直接力下去；

“小兔拔萝卜”游戏：孩子从开始点起跳，必须双脚落地跳，手挎着小篮子，在途中跳进地上摆放的塑料圈，捡起里面的小萝卜并放进篮子里，跳到终点，家长跟孩子比赛看谁最快到达终点，谁捡到的萝卜最多。

我们的思维不应该在自怜中被淹没，而应该以有逻辑的方式充分改变孩子的弱势。在整个过程中家长切忌匆匆忙忙地“吃药就医”，也不要急急促促地给孩子过多“改变原来的自己”的心理暗示，只有贯穿着轻松自如的态度，才不会带来二次伤害。

应对被嘲笑——置之不理

“你的裙子怎么这么难看！”

“我看到你的大鼻孔很恶心！”

“谁都不会跟你这个大胖子玩。”

有些孩子听到这些话会感到紧张害怕，甚至羞愧，真的以为自己就是个大问题；也有些孩子会第一时间去辩解，间接承认了对方讲的都是对的，我要为此作出反击。两者都中了对方的下怀了。

1.“你在说话吗，我听不懂”

在一群孩子里，总有些孩子希望充当控制者，喜欢得到更多的关注和掌声，他们往往会通过激怒对方而获取存在感和满足感。

儿童心理学家认为：正处于叛逆期的孩子能敏感地察觉身边有力量的东西，比如语言。孩子在利用语言欺负别人时，如果能直接感受到其所产生的强有力效果，如对方因此而生气、沮丧、反攻、求饶等，会更加得意，并认为这种语言就是一个强有力的能掌控他人情绪的工具，从而更加没轻重、持续、反复地使用。

但这并不能“一刀切”地认为这些孩子都是存心侮辱或伤害对方，他们可能是在模仿典型人物的做法，或者利用嘲笑来增强作为社会成员的融入感，又或者借此来表达情绪和释放压力。

当我们对这些话语冷漠置之，或者说句：“你在说什么？我不明白”，又或者直接转身走开，欺负者就会很自然地觉得我们并不有趣，不能满足他们所希望得到的快感，没有嘲笑下去的动力和兴趣，失望地转身离开，寻找另一个更愿意作出强烈反应的人。

但想让孩子能以毫无坏情绪的状态去处理冲突，是一件困难的事情，家长可以通过以下方式帮孩子自如应对。

首先，跟孩子玩“对比”实验。爸爸妈妈分别饰演嘲笑者和被嘲笑者，当被嘲笑者用截然不同的两种方式来回应嘲笑者时，让孩子观察并明确什么方式能更好地解决问题。

演绎后，家长问孩子哪种应对嘲笑的方式是最好的？他的想法是什么？如果日后他被嘲笑，他应该如何做？一般来说，孩子会认为第二种方式是最好的。家长旨在直观地、形象地让孩子感知不理睬对方是上策。

其次，跟孩子一起对着镜子，配上适合的肢体语言，练习表达发自内心的不屑一顾：

“是这样啊？”

“随便你吧。”

“真的吗？”

第一种演绎	第二种演绎
爸爸嘲笑妈妈说：“你的辫子怎么扎得那么丑！”	爸爸嘲笑妈妈说：“你的辫子怎么扎得那么丑！”
妈妈被气得很沮丧，反驳道：“才不是呢！我才不丑！”	妈妈有声没气地说：“你跟我说话吗？我听不懂。”然后离开。
爸爸更开心地取笑：“丑死了！比丑小鸭还要丑！”	爸爸想挽留，大声喊：“你的辫子怎么扎得那么丑！”
妈妈一边流泪一边苦苦哀求：“你别再这样说了，我不丑！”	妈妈没有理会，继续迈开步伐离开。
爸爸更加兴奋地说：“哈哈，你其他地方更丑，我让大家都不跟小丑玩！”	爸爸只好不作声，回到身边的玩具堆里继续自己玩。

“那又怎么样？”

“有更好玩的事情，再告诉我吧。”

“谢谢关注。”

“我没什么好说的。”

虽然孩子在练习后不一定能立刻随机应变，但逐渐掌握这些“幽默”“顺势”的本领，比起硬碰硬的方式，能更好地缓解紧张气氛，避免成为被嘲笑的对象。

而且，家长要提醒孩子，当场我们对对方是置之不理，但回头要告诉老师和家长，这样，可以让大人都知道实情并提供帮助，让对方知道我们是不好欺负的。

再次，要多分享自己应对嘲笑的经验和应对方法。

例如，家长回到家，轻松地跟孩子聊聊今天在办公室里遇到的事情，说：“宝贝，今天温叔叔嘲笑我把公司的项目给破坏了。”陈述完事件后，告诉孩子你的做法是怎样的，“当时我虽然很生气，但并没有跟他辩驳。”接着，家长再深入地解释：“我觉得温叔叔说的话没道理，不切实际，我把他的话当作空气了。”

又例如，家长跟孩子分享自己小时候被别人嘲笑的经历：“我记得以前有小朋友嘲笑我是班上最弱的人。”然后告诉孩子自己是如何平息情绪和解决问题的：“我内心想，他说的话是错的，我要忽略他。就这样，对方看我没反应，感到无趣就不再嘲笑下去了。”

家长最好以“过来人”的身份告诉孩子不搭理对方的技巧，反复地跟自己强调：

“他说的不是事实。”

“我假装听不到他说什么。”

“我绝对可以不理他。”

这样，孩子更容易实操起来。

最后，家长要引导孩子不要受到别人语言的影响。

别人说自己是口齿不清，不要相信自己真的是口齿不清，而是我语速很快、思维灵敏，别人跟不上；别人说自己讲绘本故事讲得很差劲，不要相信自己真的讲得很差劲，而是别人本来就不喜欢这本绘本的内容；别人说自己长得很奇怪，不要相信自己容貌真的如此让人难堪，而是别人不懂得欣赏真正的美……

除了转念之外，还要让孩子试着去想一想自己积极的一面，也就是喜欢自己的方面，然后在脑海里重复它们。例如，妈妈说我是漂亮的，我认为自己是足够聪明的，我很擅长唱歌，我是个做事认真努力的人，我对自己的朋友和亲人都很友好……

这些都能增强“自我”，让自己更有力量和信心，懂得拒绝别人眼中的“我不够好”。我们不需强颜欢笑或据理力争，真正的强大是不让别人打扰到自己的节奏，表示“我一点都不觉得好笑”“我不认为你的观点是对的”。

2. 大声说“不”

如果别人踩过界实在太过分，自己确实难以忍受，那么就需要勇敢说出自己的抗拒：“不！”表达“你不能这样说！”“我不喜欢你这样对我！”

有时我们之所以不愿意说“不”，是因为这代表了拒绝，我们本能地认为拒绝别人，就意味着在别人眼中我不够好，会影响和对方的关系，担心伤害对方的感受。所以，家长要让孩子意识到自己拥有说“不”的权利，觉察自己的原则和界限。

3. 学会区分社交信号

有些经常被嘲笑的孩子，很有可能不懂得区分社交信号。

心理学家曾经对被嘲笑的孩子做了个统计，结果发现，有两类孩子容易成为被他人嘲笑的对象：

第一类是忧郁、患得患失、个人价值感偏低的孩子，这类孩子通常比较敏感，不爱说话，性格比较孤僻，缺乏安全感，如果有人简简单单地开玩笑，一般来说他们都会感到很失落，难以接受；

第二类是性格暴躁的孩子，这类孩子往往会出现一些过激的反应，一旦觉得自己被他人嘲笑了，即便他人只是在开玩笑，他们也很难控制住自己的行为，用暴力的方式来解决问题。

实质上，这两类孩子都有一个共同的特点，就是不能很好地辨别社交信号，分不清别人是善意的幽默，还是恶意的嘲讽。相比之下，一些擅于交际、比较豁达的孩子，一般能区分善意和恶意，对玩笑不会在意。因此，家长要帮助孩子明确“嘲笑”和“玩笑”的区别。

信号	嘲笑	玩笑
视觉上	表情刻薄、邪异，翻白眼，嘴角歪歪地坏笑，伴有挑逗的动作	表情真诚、友好，眼睛看着对方，开心大方地笑
听觉上	语气阴阳怪气，不正常的腔调和声量，或窃窃私语或大喊大叫	语气沉稳，幽默但不轻佻
背后隐藏的信息	带有一定的侮辱性质	为了活跃气氛
带来的感觉	说话者单方面开心，但对方不开心	双方都开心，对方不反感
举例	“你看那个人，呆头呆脑的，比猪还蠢。” “没见过这么胖的人，丑得我要吐了。”	“你很呆萌呆萌，怎么那么可爱呀？” “你是我们的大国宝冰墩墩！”

对于大多数善意的、没有伤害性的玩笑，告诉孩子没有必要反应过激，尽量轻松看待，甚至若无其事，这样有助于让嘲笑者转移目标。

对于恶意的嘲讽，我们要和孩子进一步深度地分析，哪些是导致自己长期被嘲笑的言行，自身是否存在问题，如果可以改善和提高，那么被嘲笑的问题也能慢慢得到解决。

例如，孩子总是被人嘲笑衣服不好看，如果衣服本身的整洁度和款式实际上并没有太大问题，纯粹是嘲笑者的个人看法和观点，那么就引导孩子一笑了之；相反，孩子总是被人嘲笑某一方面的技能差，家长就引导孩子客观思考，这是不是事实，是不是真的跟别人有很大的差距，如果还有改进的空间，就想办法去提升自己，让嘲笑者闭嘴，问题就迎刃而解了。

掌握这些方法，孩子才会在冲突中更加踏实有力量，而不是成为另一方的驱使者，被不断吸取能量。

应对被发号施令——弹性服从

绘本《小绿狼》里的主人翁小绿狼，为了服从于小灰狼们，穿灰色运动服、戴灰色帽子、用篝火灰烬和灰色油漆涂满全身、求仙女帮助自己变成灰色……结果自己面目全非，充满压力和痛苦。后来它决定不再服从，保持自己的本色，摆脱同伴压力，最终拥有了自我，得到真正的成长。

1. 辨别服从与不服从

有些孩子很喜欢发号施令，指挥对方做事情，安排对方玩哪些游戏，甚至会命令对方喜欢谁，不喜欢谁，跟谁玩，不跟谁玩，总之对他人的要求都是以自我为中心，只能喜欢他喜欢的人，做他喜欢做的事。实质上这些孩子在寻求各种话语权，通过对他人的情感操控来提升自我价值。

如果孩子成了处处听命于他人的“工具人”，那么会极度不安和想逃脱，表现出来的可能是唯命是从或者不知所措，这时候家长需要教给孩子“边界”的概念，确定自我需求和独立性。

在边界以内，在非原则性的问题上，可以有弹性地服从或不服从；践踏了或者超出了边界，那么孩子就需要摆脱束缚，放弃需要等待对方确认批准的习惯，避免牺牲自己的想法来取悦和讨好他人。

我们每个人都可能是服从者或反抗者。多跟孩子聊一聊有可能被发号施令的真实生活场景，听他们的意愿并作出引导：何时服从，服从谁；何时不服从，不服从谁。等到面临真实的社交场景时，他们才会准确而快速地作出辨别。

非原则性问题	我跟小伙伴们一起玩老鹰抓小鸡，我很喜欢当老鹰，但这一次，爱发号施令的聪聪坚持要我来当小鸡。	服不服从，应该听从自己的内心意愿
	幼儿园准备组织去秋游，需要分组分工，莱莱强烈命令我负责组内的清洁工作，但是我不喜欢这项工作。	
	每次到恭恭家，他总要求我呆呆地坐在沙发上看他玩玩具，每当我碰他的玩具，他就命令我离开。	
越界踏红线的事	小宁命令我说，当庆庆跑过来时，就立刻伸出脚并迅速横扫，一起看看庆庆跌在地上哭喊的样子。	绝对不可以服从
	我们几个孩子在帆帆家玩得很开心，然然突然发号施令，让我们去捉弄帆帆的宠物狗，其他孩子都纷纷响应了。	
	晓梅来我家玩时，命令我一定要带她进到我妈妈的房间，偷偷把妈妈的手机拿出来玩。	

服从是通过自己的影响力来与他人产生关联，但它往往意味着把自己的某种主权让渡给外界的权威，对抗了自我。比如

参与校际比赛、兴趣班团体比赛，获得成就时总觉得很光彩，即使获得成就的过程可能与我们的理念、操作相违背，但把自己关联到这样的团体中，就会让自己感觉到拥有了这个团体的力量。

这同时涉及人对“身份认同感”的需要，当我们在集体中确立了一种身份角色，就会不自觉地按照对这种角色的期待而行动，也就容易做出服从的行为来强化自己的“身份认同感”。

但是，当孩子真正面对他不希望或不可以服从的事情时，就要从这些心理需求中脱离出来，扛起反抗群体意志的压力，做出符合自己规范或要求的行为，背负起孤立感、分离感，这是需要非常强大的自我价值感的。

要做到不服从，个人勇气必不可少。孩子首先需要摆脱对生存的担忧和恐惧，具有一定的安全感来保障独立的需求。这个安全感并不仅仅是环境的安全，更多的是内心的安全，确定自己是被家庭的爱包围着的，父母足够关注自己的情绪、接纳自己，给予自己积极的情感反馈。不管家长这时候是否在身边，爱的力量早已刻在孩子的信念里，孩子心中有力量，不仅能大胆不服从，而且拥有强有力的自主水平。

2. 说“不”以及转移注意力

对于不想服从的事，孩子要大声说出“不”，摆脱对方的摆布，或者把事情说得更具体，“不……我希望你以后……”

例如，花花很喜欢跳舞，她经常会不自觉地在伙伴们面前展示，但她的好朋友小俐说她跳得很难看，不让她表演，发号施令让她走开。慢慢地，花花对跳舞没有了信心。这时候的花花，需要主张自己的权利，提升气势说："你不能贬低我！我希望你以后都不要再这样跟我说话了！"强烈地拒绝小俐的盲目指挥和批评。

除了说"不"，还可以转移对方注意力，这是一种既巧妙又有效的方法。

例如，澜澜不断地要求卡卡不要跟珍珍玩，因为她不喜欢珍珍，而卡卡并不想这么做，于是她和澜澜说不行，但是澜澜并没有放弃自己的意见，还是命令卡卡要按她的话来办。下面的说法可以帮助卡卡坚持自我，彻底打消澜澜的念头：

澜澜对卡卡说："你不要再跟珍珍玩了，要不你永远都不会是我的朋友！"

卡卡立即转换话题："你看，你觉得今天老师头上戴的发卡好看吗？"

或者开玩笑说："不要，珍珍养了一条小狗，它会过来报仇的！"

或者找另一种办法让澜澜平息愤怒："珍珍家有很多冰激凌，我们问问她能否请我们一块吃。"

转移注意力的方法很"软"，但是有时候比强硬地光说"不"更加有用，尤其是"对付"一些意志比较坚定的孩子，更能让他们落在自己"编"的"新话题"中，改变他们原来的想法。

3. 对朋友好品质的确定

平时，家长需要引导孩子思考好朋友应该具备哪些品质，这样能让孩子清晰怎样的关系才是健康的。

例如朋友是：

对我充满信心	善良温和
不会对我发号施令	关心那些让我不愉快的事情
为我发声，会保护我	当我快乐时也会为我感到骄傲
信守诺言	不小看我
愿意随时随地提供帮助	当我伤心时会在我身边
尊重我所说的和做的	不会打断我说话
让我跟他的好朋友一起玩	跟我分享他喜欢的玩具

家长把孩子认为的好品质一一列举出来，也尝试让孩子通过想象把品质形象地画出来，最后按照孩子对品质的重要程度来进行排序。

当孩子更明确怎样的朋友可以配合合作，怎样的朋友可以大胆拒绝时，一旦遇到被发号施令，便能作出判断并真诚地说上一句：

“真正的朋友不会强迫我做这些事情的！”

“我心目中的好朋友不是你这样的！”

总之，我们需要促使孩子对自我与外界的关系多一些思考，积攒勇气做出发自内心的选择，一方面追寻快乐的人际关系，另一方面遵循自己的个性诉求，守住底线，两者并不冲突。

应对被排挤——反客为主

露露很想加入一个经常玩过家家的群体，她希望扮演妈妈，于是每天都在群体的外围观望，曾经多次用各种方式来表达想加入，但他们都很不客气地让她走开。

在反复的尝试和失败中，露露想：是不是我长得不好看？是不是我说话说得不清楚？是不是我看起来不够聪明？所以他们嫌弃我……

一般来说，孩子都喜欢跟大伙儿“混”在一起，但集体就是江湖，他们有时会因为某些合理或不合理的原因把某个孩子“踢”出去，旨在让对方感到自己不属于这里。

事实上，整个过程并没有吼骂、嘲笑、推搡、踢打，但这是一种沉默又安静的欺负，给对方所带来的负面影响并不小。面对被排挤，家长该如何引导孩子把伤痛降到最低点？

1. 我有我的解释风格

在被排挤的场景中，孩子对事件和自我的解释很重要。如果不希望孩子受到精神上的伤害，能够自如地应对被排挤，那么攻击性绝对不能对着自己，因为这样的感受是消极的，正确的做法应该是，孩子的“解释风格”必须是自信的，即坚定自己的优势，这样能帮助他们稳定情绪，不陷入对自我负面认知的怪圈。

引导孩子认清自我，把自己的标准与他人的标准分开来看，而不是轻易认同从别人眼中折射出来的样子：

“他们不让我玩，没关系，我擅长画画、弹钢琴、做家务，可厉害了！”

“不能跟他们玩也很好，我能够做我最喜欢的事情：喂小动物、开遥控车、搭积木。”

“他们这样对我，是因为他们根本不知道我是个乐善好施、乐观爱笑、创造力很强的好孩子！”

而且，家长要让孩子知道，过于勉强进入排挤自己的群体，要求自己从他们那里获得归属感和认同感，其实是一个拼命否定自己的过程。

自信的孩子，就像一个容器能容纳对方的负面情绪，心态是稳定的，对别人的话，如“你快点离开”“就是不跟你玩”“我们讨厌你”并不敏感，但这不等于压抑自己的情感。

他们能把“同学的伙伴”“父母的孩子”“老师的学生”这些角色自由切换，能在各类关系中快速调整姿态的高低、态度的强硬。例如，受到排挤，孩子会思考使用何种姿态来对待对方，是姿态高，一声不吭地走开，还是姿态低，用讨好的语言来取得游戏的位置，然后在其他关系中宣泄情绪，像在老师面前告状、在妈妈面前诉苦等。

他们的自我可以伸展得更加宽广，受到排挤不会封闭被动，对相关游戏缺乏兴趣和热情，说一些很扫兴或贬低自己的话，而是好像丝毫没有被影响，内心没有蜷缩，转身就跟别人玩了，努力地在新环境中建立良好的关系。

2. 结交新朋友

排挤是一种冷暴力，家长可以建议孩子转移阵地，跟其他朋友待在一起，或者交一些自己感觉不错、对自己热情大方的新朋友。

多启发孩子思考以下问题，让他们更加理解自己适合跟什么人在一起，增强社交的目标感和指向性。如：

"你觉得自己跟其他孩子有什么共同点？"

"你为什么喜欢跟他们一起玩？"

"你希望你的朋友怎样对你？"

"你还记得你们认识的时间和地点吗？"

"他们跟你在一起的时候也同样开心吗？"

"你不喜欢他们的什么特质？"

"你愿意跟这群孩子玩，还是跟那群孩子玩呢？为什么呀？"

结交新朋友是有很多方法的。

首先，鼓励孩子多微笑。很多时候微笑是会传染的，当别人看见你笑时，他们也会被笑所吸引，即使不知道自己为什么会笑，这样双方的感觉就容易对上了。

其次，不要逼迫孩子打招呼，而是等待孩子发自内心地打招呼。打招呼能够增进两个人的熟悉感，容易产生共鸣，是情感的初次交流。

再次，让孩子学会适当地夸赞其他小朋友，但一定要以实际为基础，不能夸张虚伪，只有夸对方真实存在的、值得被欣赏的东西，才能得到对方的反馈。

最后，鼓励孩子通过共同的兴趣爱好开启友好的聊天，例如拍篮球、拼拼图、跳舞唱歌等，由此打开话题，内容可能是天马行空的、不知所谓的，甚至是成人听不懂的“孩子语”，都可能成为双方的初始连接。

无论我们用哪种方法，真诚，永远是打开社交大门的一把金钥匙，也是赢得人心的最好途径。那么真诚从哪里体现呢？答案是聊自己的话题。例如简单地聊聊：

自己在哪里生活？

在这个地方最好玩的是什么？

自己小区里养宠物的家庭有多少？它们都是些什么宠物？

自己最喜欢的运动和歌曲是什么？

自己在最难忘的旅途中遇到了什么有趣的事情？

自己最喜欢的老师长什么模样？

……

心理学家露西·弗克塞斯在《怎么进行有意义的交谈》中提到：触发谈话可以利用“对等原则”，也就是说，当向对方袒露自己信息的时候，对方就会感到真诚，然后自然地进入聊天状态，且回应相应的问题，毕竟当一方袒露了个人私密信息时，另一方也会觉得有必要披露类似的信息。当话题能连接到对方的生活并产生共鸣，那么对方就能建立对自己的信任感，孩子之间的友谊也就自然而然地开展了。

3. 寻找并改变自身缺陷

家长需要帮助孩子自我觉察，反省被排斥的内在原因，再选择更合适的行为去改善现状。当孩子能够真诚地认识到自己的弱点，逐渐去除陋习时，会发现，社交状态也会给予我们惊喜。

引导孩子问问自己是不是一个冷若冰霜的人；

问问自己有没有经常在老师面前告别人的状；

问问自己是否从不表达自己的想法；

问问自己每天是不是衣冠不整就出门了；

问问自己有没有随随便便扔垃圾招人烦；

问问自己有没有经常插嘴让别人不舒服；

……

当答案是“是”或“有”时，那就鼓励孩子下定提升自己的决心并执行起来。

这种反思和改变并非为了迎合大众，而是为了自己，为了成为更好的自己。

如果仅仅为了别人的认同而改变自身习以为常的“心理舒适区”，打破原有的安全感，那么潜意识上是自卑的，自然会感觉到巨大的压力，最终不会有正向的结果。唯有为了“自我实现目标”，并在改变的新经验中积累到快乐和趣味，才是改变的意义，孩子在过程中也增强了对改变的控制感，自然就会愿意作出更多的改变。

无论如何，家长要让孩子记住，认同并喜欢自己是最重要的，勇敢承认自己的与众不同、独一无二才能赢得尊重。希望我们的孩子能够从被排挤的经历中成长，并且勇敢地告诉自己：“我不怕被排挤！”

应对被抢玩具——相得益彰

“他抢了我的玩具！”孩子一边捶胸顿足一边哇哇大哭，虽然这表达了对对方行为的不满，但是哭闹并不能帮助自己把玩具要回来。

“他抢走就算了，我不在乎。”孩子看起来对自己的玩具慷慨大方，但很可能是他不懂得如何表达内心的憋屈，不知道如何告知他人自己的边界是需要被尊重的。

1. 出其不意提供选择

（1）擅于运用“或许……或许……”“可以……也可以……”“要不……要不……”“是……还是……”

孩子与生俱来认为事物是非黑即白，没有任何灰色地带的，当被其他孩子抢玩具时，会认死理儿地断定“我就是被欺负”“我就是总被抢的那个”，没有其他出路而发酵坏情绪。

但是，当孩子明确事物之间实质上是可以灵活变通的，关系是“或许……或许……”“可以……也可以……”“要不……要不……”“是……还是……”，那么面临被抢玩具就会“声东击西”般地向对方提供其他选择，保全自己的玩具。

打个比方，小希正在小区里玩遥控车，突然邻居家孩子冲上前来要把遥控车抢走，如果小希明白到“他想要我手上的玩具，或许我可以让他拿我的其他玩具”或者“他现在想要玩具，或许我可以让他之后才来拿”，那么小希很可能就避免了一场被抢玩具的冲突。

“你不能抢我的遥控车，但你可以玩我的机器人，也可以玩我的魔方，这些都很好玩，给你玩吧！”

“你不能抢我的遥控车，如果你真的想玩，要不等我玩完后给你玩，要不我回家吃饭时给你玩。”

以转移注意力的方法，把其他更好玩的玩具或者更合适的时段给予对方选择，从而消除对方现在抢玩具的想法。

所以，家长要增强孩子对选择关系的理解和运用，当要派上用场时才能条件反射地想出更多可行的、多角度的选择，避免单线条思维。

在日常沟通中，家长多用上“或许……或许……”“可以……也可以……”“要不……要不……”“是……还是……”的句式，潜移默化地、示范性地让孩子意识到所有事情的解决都有多种方法：

“这周六去爷爷家还是去外公家？”

“明天早餐或许吃饺子，或许吃云吞，你喜欢什么？我来准备。”

“我们可以去跑步，也可以去打羽毛球，你想做哪项运动？”

“要不选择红色的书包，要不选择黄色的，你挑哪款呢？”

角色扮演游戏也是一个很好的选择。在家里，家长扮演孩子的小伙伴，在对话中贯穿选择性的词汇与句型，增强孩子的熟悉感和运用力，给予孩子更多机会去亲身实践：

“我们可以一起去游乐园，也可以到楼下玩，你说我们到哪里好呢？”

“或许买葡萄，或许买橙子，我都很喜欢呢！”

“你是当老鹰，还是想当小鸡？我们分配角色吧。”

“这个很美味，要不我们买些回家吃，要不在这里一起吃，你觉得呢？”

玩过家家也可以练习这些句式。家长给孩子一些洋娃娃，让孩子照顾它们的生活起居。家长作出示范，让孩子听到自己是如何跟洋娃娃说话的：

“小娃娃，你可以让我抱抱，也可以自己坐着，你喜欢怎样呢？”

“要不我给你先洗澡，要不先听我唱歌，你喜欢什么呢？”

“或许穿上绿色的裙子，或许穿上黄色的裤子，你喜欢穿哪一件呢？”

家长在跟洋娃娃的聊天中穿插选择句式，这样孩子也会观察模仿，当跟洋娃娃对话时，自然就会模仿家长说出选择句子。这是“输入—理解—思考—输出—熟悉—运用”的全过程。

玩便利店游戏也能挖掘孩子利用选择句式来解决实际问题的潜力。家长让孩子把多件玩具整齐地放在桌子上，先由孩子扮演营业员，家长扮演顾客。

家长自言自语说：“我买毛绒小猫好，还是买遥控飞机好呢？”“或许机器人适合我，或许小水枪更适合我。”

然后向营业员征求建议：“请你给一些意见吧。”

家长引导孩子用上选择句式来劝服我们付费购买：“或许机器人适合你，它会走动，很好玩，或许小水枪也适合你，它会发出声音，很搞怪。你可以在它俩中挑一个，也可以两个都购买。”

接着家长和孩子调换身份继续玩下去。

这些游戏能潜移默化地变成孩子在社交中的脱口而出，灵敏地应对小伙伴抢玩具。

（2）内化双赢思维

我们引导孩子提供选择，而选择，必然是建立在双赢的思维模式上的。当我们想做一件事情时，旁边的人可能想做另一件事情，而这件事跟我们的想法有着天壤之别，那么双赢的思维就是在“自己想要的”与“其他人想要的”之间达到平衡，基于互惠互利的“利益”支点，实现冲突双方的“利益”均衡，好让大家都能够接受，形成皆大欢喜的局面。

例如，两兄弟总持有不同的意见。有一天妈妈想带他们出去吃晚餐，让他们商量并作决定，哥哥坚持要吃面条，弟弟不让步，一定要吃馄饨，兄弟俩争吵不休，这时候，妈妈提醒说：“我建议你们在吃面条和吃馄饨之间想个方法，一个大家都能够接受的方式来完成今天的晚餐。”

后来兄弟俩想出了办法，就是去附近的美食街吃饭，里面既有面条又有馄饨，问题就解决了，又或者到馄饨面馆吃饭，分别下单一个净面条和一个净馄饨，这也是完美的方案。明显，这两个方法正是从双赢思维中诞生的。

要内化双赢思维，并非家长老师常说的“轮流玩”那么简单，而是需要灵活性、创造性，并且愿意妥协，让每个参与者都感觉很舒服。

第一个方法是家长跟孩子回顾以往的冲突，共同讨论假如采用双赢策略的话，会有什么不同的结果。

例如，孩子回想起之前在幼儿园做游戏，有人想玩老狼老狼几点钟，有人想玩过家家，但达不成一致的意见，最后不欢而散。家长以此为案例，引导孩子以双赢思维来思考，让他知道双赢所带来的积极结果。

方法可能是孩子们扮演爸爸、妈妈、儿子、女儿，爸爸当老狼，其他角色在老狼身后奔跑，玩有创意的“过家家的老狼老狼几点钟”，对于这样的新玩法大家都心满意足了。

第二个方法是家长提出“左右为难”的问题，让孩子积极动脑筋思考如何“端平水”以及它的好处，最后引导孩子感知双赢思维的现实意义：

小 A 想去游泳，小 B 想去打羽毛球，那怎么办好？

小 A 想要做烘焙，小 B 想玩桌游，那怎么办好？

小 A 想上舞蹈课，小 B 想上网球课，那怎么办好？

小 A 想请他的朋友一起玩，小 B 也想请他的朋友一起玩，那怎么办好？

2. 跟同伴形成“保护层”

孩子在班集体中被认同为“并肩作战的我们”，才有可能面对“有攻击性的他们”。

那些经常被抢玩具的孩子，很可能不怎么跟大伙凑在一起，这样的孩子容易处于弱势地位，而有些爱欺负人的孩子偏去惹受到孤立的孩子，所以我们应该建议孩子尽量融入一些志同道合的群体。

当然了，这个群体不需要很庞大，孩子能够偶尔跟群体玩耍嬉戏、聊天、学习，有一定的保护作用，不容易被欺负者“盯上”就可以了。当被欺负时，身旁有人勇敢地站出来说：“他是我们的朋友，别欺负他！”或者帮忙找老师。

同时家长要提升孩子向同伴求助的技能，建议做到以下几点：

（1）教孩子学会“指名道姓”

家长多问问孩子哪些朋友是热心肠的，能够为你提供帮助的。并让孩子准确地喊出名字，而不是小名或外号。当被欺负时，孩子诚恳礼貌的话语能够帮自己一把。

（2）让孩子学会简单利落地说出求助的理由和需求

例如，孩子被抢了玩具，能直截了当地对旁边的小伙伴说：“何何，他抢我的玩具，快来帮我！”这样周边的孩子就会作出反应，对欺负者形成压力。

（3）不要放弃求助

让孩子知道，即使求助被拒绝了，也不要放弃以后对求助的意愿，也不要断了和朋友之间互助的桥梁。被拒绝不可怕，可怕的是在失败后放弃和倒下。

（4）平时家长不要太关注孩子

孩子一有困难就马上上前帮忙解决，这样的行为表面上是让家长操碎了心，实质上是家长对教育的慵懒，旨在让自己省劲省时间。它会直接导致孩子以后遇到困难时手足无措、毫无主见，觉得所有的困难都需要大人解决，以至于渐渐发展为不懂、不敢求助于同龄人。

美国心理学家查尔斯沃思曾说过："幼儿的争抢行为是对资源的竞争。资源是有限的，自然而然，资源竞争不可回避。"所以，当孩子被抢夺玩具时，家长不要大惊小怪，慢慢地引导他们摸索方法来处理，在保护好自己的基础上，尽力维护好双方的权益，相得益彰。

第五章

提高社交能力，快乐融入集体

把“社恐”合理化

孩子明明心情愉快，但遇上邻居家孩子热情地打招呼就突然变得不自在，紧张地低下头，表现出不知所措的样子。

孩子一个人玩着，遇到小伙伴主动过来说话，支支吾吾地不知如何回应，就像块钢板那样矗立在那里，身体不能放松，一副不得不接话聊下去的样子，一沉默就慌张，一跑开就愧疚。

孩子之间友谊的基础是彼此的交往，当他们接触的人和事多了，就逐步懂得怎样处理朋友之间的关系，尤其是面对性格差异大的同伴，知道怎样跟对方好好相处、商量配合。遇到的冲突和矛盾多了，就逐步懂得怎样预防、应对和寻求帮助。这些都能够锻炼孩子的社交能力，帮助他们远离被欺负、保护自己。

但有些孩子害怕社交活动，他们往往容易受到欺负，错过朋友的帮助。事实上，“社恐”有其背后的心理机制，当家长不是非得要“治疗”“社恐”，而是把它合理化，真正看见和理解孩子时，才有可能帮助他们接触群体，和更多孩子成为朋友，建立起社交的自我担当。

1.“社恐”究竟“恐”什么？

“社恐”的孩子实际上也很希望被关注和重视，只不过因为卑微的情感占据了心灵，觉得自己不重要、不起眼，不值得被别人认识和平等对待，这种思维在大脑中作出了解释。

家长想象一下，如果现在单位领导要求我们当众做一场演讲，我们是不是会感到压力很大，害怕被笑话，甚至希望逃避、推卸任务，在潜意识里会不停地问自己：

“我会演讲吗？”

“别人的回应，我需要配合吗？”

“我的演讲能否让别人舒服，满足他们的期待？”

“我演讲得不好时，会被挑剌吗？”

最后，内心还会蹦出一个自卑的声音来警示自己：

“我很有可能成为大家的笑话！”

也就是说，这种“恐”是担心自己表现不佳，导致别人对自己的态度不好、不喜欢自己。所以，我们的内心不一定是感到恐惧，而是希望以最好的状态与他人相处，但外在行为上背道而驰，以害怕、逃避对方的孤独状态示人，被自己的内在需求过分束缚，以至于“自己不放过自己”。

根据上述的分析，再回到我们的孩子。外界的社交要求打破了孩子内心的平衡，导致其感到紧张、压力大，他们可能会想：

“如果别人不喜欢我了，我会遭受抛弃吗？”

“我是幼儿园里跟小朋友交流最差的那个吗？”

心理学家认为，随着年龄的增长孩子的精神和意识会有突飞猛进的发展，在这个过程中他们产生的界限感，对于沟通交流的距离感要比成人敏感得多。也就是说，孩子的想法和做法可能比我们刚才所描述得更加复杂。

所以，孩子的“恐”只是在集体环境中敏感地启动了自我保护机制，以不太热情、沉默生硬的姿态来维持他们希望得到的关系。如果孩子在家庭中没有什么地位，要不停努力才能获得父母的满意，那么很有可能把父母的形象投射给他人，把朋友设想为难以满足的人，那就更加希望以“不会有差错”的安静来讨好对方。

当家长不再大惊小怪，诚然接受他们的“恐”是合理的生存方式时，孩子反倒更能轻松地看待世界，不把他人理想化，也不把自己比下去。

2. 合理化后引导就自然多了

（1）真实认知自己的状态

孩子需要有清晰的自我认知，例如自己在什么情况下不想见人，与哪些人面对面的时候不想说话，希望能够以怎样的方式与人接触，这种认知需要家长给予良好的引导。

第一步，帮助孩子把感受说出来。

不要随意批评孩子“你就是不爱交朋友”“你的胆子太小了”，而是帮助孩子减少压力，感受自己是被支持和理解的，我们可以这样问：

“你不太熟悉那个孩子，她的热情让你有点紧张了，是吗？”

“刚刚主动跟你打招呼的孩子，让你感到不知所措了，但你也有一点想回应她。”

第二步，通过指示性的提问来鼓励孩子。

家长要能看到孩子的困难，长期如此，孩子才会逐渐把自己的真实想法说出来。

“当你在路上看到他们，你的感觉是怎样的？”

“我们来说说你究竟担心的是什么东西？”

“如果这些担心的事真的发生了，那么最差的结果会让我们如何呢？”

“这些最差的结果我们真的不能承受吗？”

“我们不希望发生的事情难道真的会发生吗？”

孩子能真实地认识自己内心并跟最信任的人说出来，就是成长的一大契机。随着自我认识的逐渐清晰，很自然地，孩子会发现原本惧怕的那个东西也消解了，就像心里有一团火，又重新被点燃起来。

第三步，引导孩子呵护自己的自尊和价值，帮助孩子转念，从爱跟他人进行不合理、不科学的比较，转变为给予自己正面积极的期待。

孩子懂得转念，思维就会得到成长，愿意从“社恐”中迈出社交的第一步，做出真实的互动，认清自己是个积极友善的个体，也会把这样的认知投射到其他角色上，看待他人也是积极友善的。这样，孩子就会喜欢跟自己喜爱的人交往。

不认可自我价值		认可自我价值
“我不会玩滑板车，他们也许会取笑我。”	转念 ⇨	“我对滑板车不熟悉，也许他们能够让我的滑板车技术更强。”
“他们肯定不喜欢不会滑板车的人。”		“我虽然对滑板车不熟悉，但我跳房子很厉害，我可以教他们不会的东西。”
“我实在没有值得他们学习的优点。”		“如果我主动跟他们玩，他们会愿意跟我分享让他们快乐的事情。”
“他们会拒绝我、评判我、挑剔我、对我不耐烦，会对我很生气。”		“即使他们拒绝了我，也是出于什么特殊情况而已。”

（2）能简单地进行交流

很多家长认为孩子要融入集体，就必须先让他们开口打招呼、简单交流，但往往不少孩子认为开口说话有如身负千斤重。

其实，孩子一开始的交流不一定非要用语言来表达，还可以用点头、微笑、握手、拥抱等方式来，甚至可以用更轻松好玩、有创意的方式来代替，等待孩子跟集体熟悉之后，说不定就不再排斥开口了。

想让孩子掌握交流语言，家长平时在跟孩子玩互动游戏时，可以反复使用“你好”“一起玩好吗”“借你玩吧”“再见”“谢谢”等。借助动物玩偶或者布娃娃来让孩子演绎，例如给予一个场景，里面的玩偶从来都不肯相互接触，现在邀请孩子来帮忙想办法，让它们变得更加热情；也可以跟孩子代入更接近真实情景的角色，让孩子扮演大哥哥，自己扮演小妹妹，让大哥哥教小妹妹如何跟他人沟通，然后相互练习。

另外，家长不需太过用力促使孩子提升交流能力，只要尽量多展现我们的榜样行为就可以了。例如让孩子看到我们平时是如何跟朋友打招呼的，如何跟同事聊天的，如何得体地参与聚会……

久而久之，孩子会产生好奇心，慢慢尝试接触别人，一旦得到家长的鼓励或别人的喜爱，好奇心就会让他继续做下去，这种表达交流就会得到强化。当通过完成这个事情证明自己可以时，小小的成就感就是下一次行动的原动力。

关于孩子的“社恐”，家长需要承认它、接纳它。就像拔河比赛那样，一旦我们真正顺水推舟，放开手中的绳子，“社恐”也就随之倒下，没法坚持了。

我们不需要孩子成为“让别人喜欢你”的“社牛”，而是让孩子认清自己，自愿向对方发出“我喜欢你”的信号。

分享是一种幸福的社交精神

分享不是传统教育中孔融让梨的高尚情操，它是一种简单轻松的快乐与和谐；

分享不是体现家教到位的面子工程，它是一种以自愿为准则的支配权；

分享不是表现上下功夫的交友利器，它是由纯粹的关系衍生出的互惠互利行为；

分享不能换来固若金汤的友谊，它只是为释放内心的善意多加了几分主动。

在学龄前，孩子爱不爱分享，不需要过多的干涉。当好吃的、好玩的东西放在一起时，不用成人提醒，孩子自然也能快速地建立沟通桥梁，实施或多或少的分享，虽然当中会有冲突、疑惑、后悔，但这就是在自由意志下发展的社交精神。

但是，如果家长发现自己的孩子经常被欺负，很难融入集体，那么适当促进孩子的分享行为能有一定的帮助。

分享能为孩子之间的友谊建立基础，与周围的孩子产生相关性。这种相关性是别人接收到自己的善意，从而会减少欺负心理、增加互助互爱的行为，是各方成长的营养品。

这并不是要让孩子使劲地把所有东西毫无保留地无私贡献出去，也不是在家长的意愿下刻意巴结，而是把分享视为帮助自己表达爱的辅助手法，完全听从于孩子自身的意愿。

1. 分享看似很难

家长会发觉，促进孩子的分享行为并不容易。

这跟“自我”有关。我们成人经常摆在嘴边的“自我”是抽象的，然而它的雏形是具象的，那就是从小时候感觉“我的东西”开始，这是具体的“我的”，再随着年龄的增长进展到意识层面的“我的”，也就是无形的“自我”。

有时孩子会认为分享就是切断了“自我”的链条，自己的成长规律被破坏了，我的东西从此就消失了、被损坏了，于是产生了恐惧和不安，所以不愿意分享。

如果家长喜欢以道德的标准和错误的教条来随意强迫孩子出让自己的利益，那么孩子就会更加紧张警惕、束缚心胸，把大度豁达误解为自我剥削。事实上，孩子的分享行为本来就受自身心理生理所限，只要家长不盯着结果，他们多半能逐渐地自我调节，但成人缺的就是信心和耐心，这样的态度，不仅不利于问题的解决，还会给孩子留下心理创伤。

2. 分享真的那么难吗?

我们可以在家里多观察孩子的分享规律，然后填写以下表格。

分享行为记录		
第一项	与小朋友分享 □	与成人分享 □
第二项	与外人分享 □	与家人分享 □
第三项	与陌生小孩分享 □	与熟悉小孩分享 □
第四项	上幼儿园前的分享 □	上幼儿园后的分享 □
第五项	全新玩具的分享 □	普通玩具的分享 □
第六项	分享行为的程度 □	分享观念的程度 □
对于每一项孩子较多发生的行为，在旁边的“□”里打“√”		

一般来说，表格的右边一列是最容易被打上钩的，即：

与小朋友相比，孩子跟成人的分享要更多；

与外人相比，孩子跟家人的分享要更多；

与陌生小孩相比，孩子跟熟悉小孩的分享要更多；

孩子上了幼儿园之后比上幼儿园之前分享得要更多；

与全新玩具相比，孩子对普通玩具的分享要更多；

与分享行为的程度相比，分享观念的程度要更高。

研究数据证明，分享行为是存在年龄差异的，年龄越大的幼儿越容易分享。33% 的 4 岁以上幼儿不用给太多的提示也会分享玩具，而 4 岁以下的幼儿，只有 4%—8% 会这样做，即使他们分享了，也只会分享一小部分或少于一半的玩具给别人。

6 岁以后，随着孩子思考问题和理解他人的能力增强，分享行为才会有质的飞跃，虽然他们不会再认为随着所属物的离开，自己就会失去了主导权，但内心仍然没有踏实的安全感，所以还不能完全平等自愿地共享资源。

所以，孩子并不是不爱分享，也不是“一刀切”地不分享，而是由于他们的年龄、智力、情感、心理等原因，有选择性地分享、在有局限的范畴内分享。

3. 促进分享并不难

（1）不要成为孩子分享行为的绊脚石

有时候人们会浅薄地把不分享归因在遗传基因上，很少有人能看到背后深层次的原因在于家长的不尊重。分享，是以最基本的尊重为前提的。然而，无可取代的尊重却是最容易被忽略的，家庭生活里的不尊重往往是在不经意间发生的。

一些成人为了满足自己精神上的快感，刻意粗暴碾压孩子的智商，拿他们的分享行为来充面子、开玩笑，让孩子在心理和意志上屈服。

比如，当孩子不愿意跟亲戚的小孩分享玩具时，妈妈会一把抢过玩具，放到身后，瞪着眼睛愤怒地说：“如果你不分享玩具给表妹们，我就不还给你，以后也别想让我买玩具。”

又比如，有些成人想表示“亲昵”，装作要抢玩具的样子，当孩子本能地牢牢保护着，拔腿就跑时，对方便嘲笑说：“傻丫头，这就被吓跑了，我告诉你妈妈你可是个胆小鬼呦。”

又比如，孩子不愿意分享玩具，成人却故意拿孩子的其他玩具用作交换条件，孩子为了夺回玩具把自己手上的玩具“献给”对方，对方又假装关心孩子说：“叔叔怎么会拿走你的玩具呢？”最后，孩子糊里糊涂地拿回自己的玩具。

又比如，妈妈明知道孩子不想分享，但虚荣心作祟，跟孩子“先礼后兵”：“宝贝，等会儿见到大伙一定要分享！你分享了，明天给你买份大礼物。”

就这样，孩子把分享、争抢、开玩笑、忽悠都搞混了，过程中掺杂着妥协、愤怒、恐惧、迷惑等。这些被捉弄的孩子心理秩序被破坏，只会感觉身边危机重重，下次遇到分享的事，只能警惕逃避。

尤其在多孩家庭中，家长很容易给大孩子戴上“你是年长的，要懂得照顾弟弟妹妹”的帽子。所以总会对大孩子说：“大的要让着小的，你的玩具就不能让给弟弟吗？”尤其是男孩子，家长就更加严苛了：“男孩要让着女孩，妹妹很应该得到你更多的呵护，把玩具给她吧！”

似乎这些话都很符合我们约定俗成的道德标准，但就像一条条绳索往孩子身上缠绕，无形中伤害了大孩子和男孩子的心。

其实，只要成长环境是宽容的，尊重孩子个性的发展，家长不需要强调你要分享，孩子就会体会和感受，逐渐拥有看见他人的能力，分享、反馈、共情都会成为他们成熟生命状态的一部分。

（2）传递分享过程的美好

强调分享这个动作会带给孩子压抑克制的感觉，家长重点要做的是让孩子感受分享过程的愉悦、结果的共赢。通过家庭氛围的滋养、亲人的情感和语言交流来传递这种理念。

比如，平时妈妈吃水果时分一半给爸爸，说："今天辛苦了，你多吃点。"也分享给孩子，说："宝贝，我们一起吃，真开心。"当爸爸吃零食时也帮妈妈准备一份，说："你忙完工作记得过来一起吃。"也分享给孩子，说："宝贝，我们一起吃，真开心。"

又比如，当孩子贪玩穿上爸爸的外套，戴上妈妈的手镯时，家长说："这是我的物品，但我很愿意跟你分享。"当孩子归还时，家长说："分享是不是件很快乐的事呢？我感受到你和我都同样快乐。"

长此以往，孩子不仅因为家长的榜样作用养成分享的习惯，更会慢慢懂得分享实际上是一种幸福的传递，是一种平等的共赢，能够获取双方的信任和爱，绝对不是奉献或牺牲。

（3）锻炼孩子解决他人不归还物品的能力

家长要帮助孩子建立起对分享的安全感，消除戒心。跟孩子模拟场景玩角色扮演游戏有趣且有效。

家长扮演孩子的同伴，让孩子来借玩具，家长说："这玩具是我的，我可以借给你玩，但不要弄坏哦。"然后把玩具递给孩子。过了一会，家长问孩子："请你把玩具还给我吧。"

如果孩子愿意还，那么这场角色扮演就到此结束了。但是如果孩子不愿意还，那么我们就说："如果你不还我，我有许多玩具，下次就不再借给你了。"或者说："我会告诉其他小朋友你不还我玩具，他们以后也不敢跟你玩了。"我们跟孩子这样对话的目的是让其知道作为物品的归属者，借出的东西是可以毫无缺损的，但是如果对方不还，我们也可以通过沟通来解决。

然后，家长跟孩子调换角色来扮演，改变一下场景，引导孩子多想几个方法来让对方归还。如果孩子说："如果你不还我，我就告诉老师。"那么，家长就要装作很惊慌的样子，把物品迅速归还给他，让孩子明白这样的表达是可以解决冲突的。如果孩子说："你答应我的事情做不到，你就不再是我的好朋友了！"家长就要装作很怕失去他这个朋友的样子，向孩子认错并归还玩具，让孩子明白这种手法也是可以的。

这个游戏有利于孩子建立自信和增加经验，促使他们更熟练地与小伙伴分享，更有底气应对各种分享难题。

分享，能让社交更紧密，也能在一定程度上解决被欺负的问题。但分享的促进，更需要家长"不着痕迹"地引导，一旦分享以"魔鬼"的形象出现，那么所谓的不分享问题就会变成真问题，有碍孩子的社交成长。

挖掘优势，利用优势

一档亲子综艺节目中，一位明星妈妈一直训斥自己孩子做得不够好，孩子终于忍不住了，问了一句语重心长的话："妈妈，你是不是根本看不到我的优点？"

如果说鼓励孩子发展自身优势，在某方面显示出突出的才能，能让他在社交中巩固地位，赢得他人的掌声，从而远离被欺负，这个大家应该不会反对。

但是，在现实中，当被世俗烦琐之事逼到墙角时，家长眼前好像只有孩子的缺点，静不下心来欣赏他的潜能；当被生活扼住了咽喉时，家长发掘孩子一丁点儿优点都很困难，所以常常处于焦虑旋涡的中心。

的确，要发掘孩子的潜在优势，并把优势跟社交相连接，家长必须脱下一件件繁重的"外衣"，赋予自己一个新的角色，那就是成为孩子的伯乐。

1. 潜在优势 + 优势盲区

（1）潜在特长优势

如果家长能够遇到类似这样的情况：孩子对某一种事情很

有兴趣，他充满活力，在做这件事的过程中，表现得非常出色，而且乐此不疲。那么，我们很有可能帮助孩子发现了他的一个潜在优势。当找到了潜在优势后，家长便可以进一步把它变成核心价值。

下面一位妈妈与她的孩子嘉佳的实例就很好地诠释了如何挖掘和发展潜在优势。

嘉佳读小班时，一位亲戚带着她读大班的儿子来家里做客，这位小哥哥爱对着折纸书折纸，嘉佳一动不动地盯着。折纸过程中，小哥哥对其中一处“大空心箭头拉出”的操作很疑惑，不懂得如何在纸层空间上进行位移，思考了好一会儿也没能折好，这时嘉佳急忙拿起哥哥手中的纸折了折，正是书中所要求的样子。

虽然这件事并没有让妈妈留下深刻的印象，但后来跟这位亲戚来往多了，嘉佳每次都缠着哥哥要跟他折纸，哥哥只好奉陪，没想到两人都乐在其中。

逐渐地，妈妈意识到嘉佳在折纸这种空间构成设计上有潜在优势，于是用了三步来引导孩子：

第一步，妈妈直接指出自己在孩子身上看到的优势，对嘉佳说：“我看到你跟哥哥一起折纸很开心，而且你很专注，很有想法。”

第二步，妈妈鼓励嘉佳进一步放手尝试，平时会买一些进阶式的折纸书，跟家人一起循序渐进地向更高的难度发起挑战。

第三步，妈妈引导孩子坚持爱好，如果发现嘉佳的空间思维能力很强，稍加点拨就能够顺利折出来了，妈妈就会以欣赏和认同的态度来给予孩子自信。如果嘉佳遇到难题，表现出沮丧、生气，妈妈就会跟他一起分析问题，针对性地找到突破口，解开谜团，鼓励孩子勇敢面对新挑战。

当嘉佳上了中班后，习惯把一沓厚厚的折纸带到幼儿园，分享给小伙伴们，还教他们折。班上很多孩子都成了他的忠实“粉丝”，“折纸大王”的形象在大伙儿的心目中屹立不倒。

从上述故事可以看出，有时潜在优势不太明显，表现得模棱两可，但家长作为孩子专属的伯乐，要跟孩子明确这就是你的优势，肯定孩子在这个过程中表现出的活力，而且在孩子有进步后，鼓励他们大胆地经常运用。家长挖掘和发展孩子的潜在优势，就像一棵茁壮的幼苗往地下扎根，之后这棵树才能立得稳、站得直。

家长需要明确，潜在优势的根源是内驱力，是由孩子的自我来主宰的，是满足自我需求的，是怡然自得的。我们的作用是发掘和助攻，而并非主动“培养”。否则，这样的优势就是一种由外界引入的习得性行为。

例如孩子本来对各种事物充满好奇心，抱着与生俱来的探索态度，但过程中家长带着功利性过度干预，那么这种外驱力所带来的只能是较劲和内耗。

就像一些“神童”“天才”，他们可能一开始内心充满了热爱，但在家长盲目地“揠苗助长”和追名逐利下，逐渐地，原来的兴趣荡然无存，这个时候的不放弃只是因为不能辜负家长和老师的期待而已。虽然手上捧着奖杯，但事实上他们只是在外部的压迫下持续性地输出才华，不能形成自己的方向感和节奏，最后筋疲力尽地走向黯淡无光。

（2）潜在品质优势

除了经常被提及的特长和技能外，家长还需要发掘孩子那些被“隐藏”起来的积极个性品质。例如：洞察力、好奇心、诚实、坚定、正直、宽容、谨慎、感恩、大方、谦虚、乐观。

日常生活中，当家长发现孩子表现出品质优势时，可以对其进行强化。方法是点明优势，具体描绘表现行为，例如：

“你善良又关心别人，刚刚你安慰对方就证明了这一点。”

“你先是抱着强烈的好奇心，然后努力地做下去，这个过程我很感动，终究你是会有回报的。”

“你刚刚说得很风趣，你可是个幽默的人啊，你的朋友都要笑弯腰了。”

“这次，你来到新环境的适应能力比之前强，不到几分钟就放松了。”

这样说，既认可了孩子的品质优势是动态发展的，也让孩子知道自己行为的积极作用，从而激励他们重复行为，复制成功。

（3）优势盲区

优势盲区就是家长很难意识到，以前从未想象过的优势，实际上，它在孩子的成长中很有分量。

打个比方，一对兄弟正在砌乐高，弟弟突然跟哥哥说：“我发现今天砌的乐高，比之前多了几块，是吗？”哥哥回答说：“没有，我们家就这么多了。”对比起不怎么会留意乐高是否多了几块的哥哥，弟弟的优势就是爱探索和对事情的极致态度。

又如孩子喜欢钓鱼，一般来说，成人会对孩子耐心的品质、坚韧的精神、专注的状态表示赞叹，因为我们大多会从钓鱼的特性联想到这些优势品质，但其实还可以捕捉一些意想不到、别具一格的优势：比如有些孩子会通过聆听鱼吐泡泡的声音来辨别鱼的种类，会通过嗅鱼饵的味道来判断鱼饵是否适合该池塘的鱼，会观察水域在不同时间段是混浊还是清澈……这些都是孩子欣赏事物和环境的灵性和智慧。

这的确需要父母有一双明亮的眼睛和一颗愿意花时间的心，从隐藏至深、大大小小的优势出发，运用它们来帮助孩子发展自己，就像让他们看清自己手里的剑，练就自己的独门秘籍。

2. 将优势与社交联通

（1）交流模式

通过交谈等方式，帮助孩子认识自己的优势，并在社交中大胆发挥出来。

例如，孩子平时不太爱说话，但是他的同理心是一大优势，那么每当孩子体贴他人时，家长就不要简单地说“你做得真棒”，而是要具体地交流：“你真关心小朋友，从小班开始，我就发现你特别有爱心。我相信，你温暖的举动更能让她感动！”

家长以交流来引导孩子关注自身优势，对优势进行分析和肯定，这样孩子更能记住自己的能力，从而在社交中更愿意积极表现和发展自己的优势。

（2）创造模式

创造更多机会让孩子发挥自己的优势，实际上也是给予他们一些人际关系相处方法的引导。

一位爸爸发现自己读中班的孩子对位置顺序比同龄人要敏感得多，所以他创造了许多让孩子使用这个能力的机会：

比如在邀约小伙伴来家里玩时，让孩子按不同性质类型来收纳整理大家的玩具；在一起去超市买秋游零食时，让孩子根据大伙儿的需求列出所需食物的清单，再统一购买；在跟小伙伴们一起去公园游玩时，鼓励孩子根据大家想去的景点，在地图上规划一条最佳的游览路线……

就这样，孩子在幼儿园里已经是出了名的“逻辑思维达人”了，上了大班后，同学们都选举他来负责玩具统筹管理工作，因为他能像小老师一样帮助大伙儿安排事情，这些都要归功于爸爸的悉心引导。

3. 助力模式

和老师沟通孩子的优势劣势，提议老师鼓励孩子在大伙儿面前展示，并给予一定的社交帮助。

打个比方，孩子擅长画画或者讲故事，但是在社交上不太积极，那么家长可以跟老师沟通，请老师创造机会帮助孩子。

像在绘画课上，老师着重向大家介绍该孩子的画作，并鼓励其开口解释画面的意思，这样做，能让他懂得如何通过优势来增强个人的欢迎度；在表达课上，老师刻意邀请该孩子跟大家讲拿手的绘本故事，并鼓励班上的孩子学会欣赏他人，这样做，能让他懂得如何通过优势来建立交流的桥梁。

这三个模式并非孤立存在的，它们都是扩大社交版图的重要环节，催化了孩子立足于集体的力量。

最后，愿我们都能成为孩子人生路上最重要的伯乐，也尝试退后一步，用更加宏观的视野，去发现藏在我们忽略之处的闪光点。

“告状王”也可以不惹人烦

“老师，酷酷刚才上课说话！”

“老师，他打了我！”

“老师，棋棋把玩具弄坏了！”

一项来自英国的研究表明，在幼儿园的集体中，每个孩子平均每天告状一次。但是，也有一天能告状十几次，甚至几十次的孩子。

孩子告状具备一定的攻击性，是人格强大的展现，是生命力的象征，能维护自己的界限，捍卫自己的权益，敢于表达要求和拒绝，体现了自己的公平正义感、同情心、责任心、集体荣誉感等。

但孩子习惯于频繁地告状，很容易影响人缘，难以团结集体，造成老师为了鸡零狗碎的日常而“不省心”，一不小心就被扣上“告状王”的小帽子。此外，过于经常告状的人容易抓住别人的问题不放，他们不一定用语言表达出来，但内心喜欢用挑剔的眼光看待别人，忽视自己的问题，从而引起别人的不满，一旦惹怒了强势的孩子，可能会被排斥或欺负。

所以，孩子告状频率过于密集，内容过于鸡毛蒜皮，家长就需要引导其拿捏好尺度。家长需要让孩子区分清楚什么是告状，什么是告知。

一般来说，情况很危险紧急，一定要马上解决，否则有人会因此受到伤害，或是有事物环境会因此被毁坏，孩子自己尝试过，但还是不能解决问题的，那么这时孩子跟成人沟通，叫作告知，我们鼓励孩子勇敢地寻求帮助；但是事情跟上面的情况不沾边，没有触碰底线的，那么孩子跟成人沟通，叫作告状。

比如以下的沟通话语，有着本质的区别。

话语	性质	范畴
“他没经过我的同意，动了我的饭盒！”	不是危险紧急的事	告状
“他把饭盒里的饭通通倒到我头上了！”	涉及身体攻击，恶劣破坏环境	告知
“他把我的书包链打开了！”	没有危险，孩子可以自己解决	告状
“他把链子扣拿出来并放到嘴巴里面去了！”	危及人身安全，需要大人及时介入	告知
“他一边玩玩具一边大喊大叫！”	没有影响别人，没有危险因素	告状
“他突然在我耳边大叫。”	导致他人身体不舒服，有危险因素	告知

1. 为什么成了“告状王”

从心理学角度分析，这个时期的孩子正处于他律道德阶段，他们会单方面尊重环境所存在的权威，拥有遵守成人标准的义务感，即绝对遵从家长或者年龄较大的人所说的话，把其看作固定的，不可变更的；他们看待所有行为都有绝对化的倾向，总是极端地评判事情只有完全正确和完全错误，没有灰色地带，所以告状是孩子在幼儿期的常见特征。

当小伙伴犯了“错误”，违背了自己的道德认知，孩子就会认为有必要让权威人士来主持“公道”。与此同时，这也是孩子显示自己的成熟、与成人同一阵营的时候。这是一个从以暴力攻击来实现目标的原始状态逐步发展成靠交流、求助化解纠纷的文明过程，也证明了他们还没到达凭自己的独立思维解决问题的地步。

家长不能光看表面现象，而要进行全面分析，找到孩子告状的背后原因。

话语	目的	内心分析
“老师，乐乐洗完手没有关水龙头。” “萍萍把玩具都丢在地上啦。” “欢欢没有把吃剩的饼干收拾干净。”	表现自己，获得关注和表扬	希望凭借“表现欲”来表示“我比他优秀”“我是你心目中最棒的”，以获取老师的夸赞，突出自己的是非判断能力。 尤其当孩子发现自己不是大家注目的焦点，或者焦点被转移到他不喜欢的人身上时，潜意识觉得这样做能提升自己在集体中的主导地位。

续 表

话语	目的	内心分析
“老师，方方抢了我的玩具！” “琅琅把我的巧克力全都吃掉了！”	寻求帮助，情感宣泄	一边为了解决问题，一边想把委屈诉说给成人听，希望得到体恤呵护，从而平衡心理。 安抚心灵的动机强过处罚对方的动机，重视过程而非结果。
“小西在刚发下的本子上画了怪兽图。” “明明在吃饭时跟同桌聊天了。”	依赖成人的态度来评价自己	有时在孩子心里不能确定这样做对不对，毕竟有些规定并不是那么死板，不同成人会有不同的判断，即使同一个成人也不一定每次都强制执行，所以通过老师的态度来判断他所看到的行为，也能为自己之后的行为设下界线，这总比自己“以身试法”好。
“老师，小东昨天和今天都迟到，他几乎天天迟到的！”	以牙还牙，获得心理快感	把很多所谓“不好”的事集结为告状的“素材”，希望老师为了“正义”而对对方进行批评。 这类告状常常很针对、不含糊，目光常盯着与自己曾经“有过节”、现在仍存嫌隙的孩子，甚至以无中生有、添油加醋来捏造事实，如果老师批评了对方，则会感到很满足。

2. 怎样引导“告状王”

（1）把问题抛回给孩子

首先，无论动机是什么，家长都要认真倾听孩子告状的内容，鼓励他完整讲述，其中可以运用提问来帮助回忆之前发生了什么，认可他们的道德感和克制，接着共情孩子：

“真的啊，他这么做了，那你会很伤心，是吧？”

“哦，被弄脏了，我猜当时你很心疼自己的衣服吧？”

接纳孩子的情绪，鼓励他用积极的角度看待问题，如果孩子需要我们进一步安抚，家长甚至可以给予爱的拥抱。

其次，鼓励孩子想办法：

“你觉得用怎样的方式来处理这件事情比较更好呢？”

尝试引导孩子思考该如何正确解决问题，培养独立解决问题的能力。

如果孩子确实想不到，家长可以提醒他：

“如果下次遇到这种情况，你觉得能不能以温柔的方式来提醒他？这样会不会更好呢？”家长帮助孩子运用更合适的方式，学会在力所能及的范围内解决问题。

再次，再循序渐进地让孩子思考更多解决方法：

“对方如果不听你的，该怎么办呢？”

“你觉得这样做他会有什么反应呢？”

“除了这个，有没有其他的解决方法？我想听听。”

举个例子，孩子今天向老师告发他的同桌洗手时把水洒在了地上，那么家长可以征求孩子的意见：

“韬韬今天把水都洒在地上了，你觉得应该怎么办好呢？有没有比跟老师说更好的办法呢？”

“我可以以后一看到韬韬要洗手，就提醒他到水池里甩一甩再离开。”

“嗯，你的方法挺好的！你可以教教韬韬，这样以后他就明白了。有劳你这个小老师啦！”

然后，家长还可以跟孩子讨论其他方法，例如主动把擦布递给韬韬，又或者连同其他好伙伴一起告知韬韬不可以，等等。这样的沟通能够让孩子明确以后可以这样处理类似的事情，而不需要到老师那里告状。

最后，要让孩子明确在外解决问题的顺序：

第一步，自己能解决的问题就自己解决；

第二步，当自己不能解决时，可以求助于小伙伴，用同龄人的力量来共同解决问题；

第三步，如果大家都不能解决，那么就求助于大人。

（2）情景演练

家长把孩子平时告状的事进行收集归类，带着孩子一起重温，或者想象可能遇到的各种场景，演练除了告状以外的应对方法。

比如“如果小伙伴在剪纸后把纸屑都丢在地上，我们怎么办”。家长把其设置为多项选择：

①装作看不见，一走了之

②只要他丢，我就去捡

③直接过去叫他把纸屑都捡起来

④我可以帮他捡，但是仍然告知他不可以这样做

⑤我去捡，然后跟老师说，我帮同学捡了纸屑

对于众多答案，让孩子通过亲自演练逐一分析，提高认知和对结果的预测，从而选择处理问题的最佳办法。

告状说到底是社交能力发展问题，家长应授之以渔，不要对孩子的答案立即作出裁判，试图马上帮助孩子厘清是非曲

直，这样做对于孩子的社交能力发展没有什么好处，也会养成孩子的依赖心理，而是应该听取孩子的观点后，再逐步引导孩子对没有任何伤害性的小问题，以自己想办法解决问题为主的方式。

（3）注意生活中的告状习惯

例如，每次爸爸单独带孩子出去玩，回来后孩子总会向妈妈告状爸爸的哪些行为做得不妥，有些妈妈当场听了就会对“猪队友”很生气，立马批评爸爸，那么孩子就很肯定自己的做法是正确的，并且能得到妈妈的大力支持，以后当跟爸爸单独外出时，也会特别留意爸爸做得“不好”的地方，转身跟妈妈说，这就慢慢形成了爱告状的习惯了。

遇到这种情况，妈妈应当告诉孩子，如果确实觉得爸爸的行为不对，那么自己可以直截了当地跟他沟通，不用等到回来时再告诉妈妈。

此外，家长需要注意自己的言行，尽量客观描述事情，对事不对人，以聊天、倾诉的方法来寻找解决方法，成为孩子的榜样。

3—7岁是一段特殊的时光，让孩子摆脱“告状王”的称号，家长就得走进孩子的心灵，满足孩子的心理需求，真正寻找疏导的对策，试着让他们独立解决问题。

拥有对美的价值取向

一个有名的故事：

一位卖花的小女孩送给了乞丐一枝玫瑰花，乞丐回到家后，把玫瑰花插在瓶子中养起来。

他觉得，这么漂亮的花怎么能随意插在一个脏瓶子里呢？所以他决定把瓶子洗干净；

他觉得，这么漂亮的玫瑰怎么能放在一个杂乱的房间里呢？于是他打扫房间，把物品摆放整齐，把垃圾清理出去；

他觉得，镜中的自己衣衫褴褛、蓬头垢面，怎么有资格待在温馨的房间里跟玫瑰相伴呢？于是他洗澡，穿上稍微干净的衣服，刮了胡子。

他发现，自己很不错，看看房间，看看玫瑰，他做出了人生最重要的选择：去找工作。

自此之后，他努力勤奋，最终成为成功的企业家。

如果孩子发自内心对美有欲望、有诠释、有强烈的感知力和表现力，那么他们就有来自心理层面上对凌乱不堪的厌恶。

如果孩子没有对美的价值取向，品味和修养就会平庸或枯萎，例如不修边幅、蓬头垢面、不洗手、不刷牙、把鼻涕抹在墙上……所以，一个缺乏审美素质的孩子，在整个成长过程中，会结合自身“美的匮乏”外显出随意的个人形象，自然就带出一些不讲卫生、精神贫瘠的表现，间接影响了与同伴的融洽关系，有些集体甚至会针对性地排斥、欺负这样的孩子。

1. 美，能扭转孩子的邋里邋遢

很多妈妈会埋怨：“我孩子经常把鼻涕鼻屎都抹在桌面上，班上的女孩子都嫌弃他。”“孩子说有几个男孩不让他碰班上的所有玩具，说他总是脏脏的，会污染东西。”“老师说孩子不注意卫生，吃完饭不愿意擦嘴巴，嘴边挂着菜汁照样爬上床睡觉，被批评多了，其他孩子都不爱跟他接触。”

如果家长单单靠讲道理、批评，显然是没有作用的，需要从根本上让孩子拥有对美的价值取向，自然而然地，他们就会对衣、食、住、行、用有得体追求，待人接物落落大方，融入社会群体和赢得认可就会更加轻松。

2. 如何培养对美的价值取向

孩子对美的价值取向，是在耳濡目染中浸泡出来的，这跟孩子每天接触到的人事物有直接关系。可见，家长需要有意识地为孩子创造一定的条件，潜移默化地影响他们对自己和各种事物的审美。

（1）多让孩子接触美好的大自然

家长可以多利用大自然的美好来浸润孩子的内心，可以是露营、远足、探险，也可以是到离家不远的公园、游览区游玩，过程中细心观察周围的景物，像一花一草一木、山峰的浮云、篱笆上的小蜗牛……也可以结合名胜古迹来讲解当地的风土人情、历史故事，这样既能帮助孩子认识自然景物，又能拓展他们感受美的广度和深度，强化对美敏锐的观察力。

自然界的美既呈现出相对静止的状态，如高山、平原、蚝壳屋、鹅卵石路、曙光、月夜，也呈现出周而复始的循环现象，如周期短的潮涨潮落、月亮的阴晴圆缺，周期长的冬天茫茫白雪、秋天飘飘红叶、夏天碧海黄沙、春天草长莺飞，还呈现出突如其来的自然体验，如雨后彩虹，风卷起的树叶的旋涡。这时，孩子的视觉、听觉、触觉、嗅觉、味觉都被调动起来，这些走过的路、遇见的风景都会藏进孩子的气质里。

（2）展现家长对美的感受力

我们不能浅薄地认为，家长对美的展现，就是日常把自己打扮得花枝招展，或者用金钱和奢侈品来堆砌。真真正正对美有深刻理解的家长，应该是爱自己、爱家庭、爱生活的，他们会把这种积极的态度传递给孩子，从而引导孩子发现美、探索美，形成自己对美的个性化解释和体验。

将平凡生活过得开花结果并享受其中的家长，试问他们的孩子怎么不会成为心灵纯洁、热爱美好的人呢?

（3）让孩子创设家居装饰

跟孩子一起装饰家居环境，给他们最大的自主权：布置游戏区，设置挂饰，开辟收藏角，挑选餐具、沙发、窗帘，贴上喜欢的墙纸，选取心爱的饰柜和摆设品，把自己的房间布置成心目中最美的样子……过程中孩子往往会有各种挑剔和纠结，我们或许会感到心烦，但是，让孩子坚持自己的喜好和品味才最重要。

正如一位纺织工艺师妈妈那样，她下班一回到家就爱跟孩子制作餐布，所以家里收藏着各种各样有特色的餐布，妈妈不仅把它们作为礼物送给朋友们，还在新媒体上开了账号展示孩子做餐布的过程，获得上万粉丝。孩子在美的生活氛围中感受趣味，渐渐地，她从制作餐布过渡到设计衣服，利用环保材料为妈妈和自己量身定制。就这样，孩子在生活细节中提升了对美的价值取向。

（4）用知识提高孩子的涵养

当跟孩子一起阅读绘本时，家长可以引导他们发现美、感受美和鉴赏美，认识到美在生活中无处不在。孩子通过不断地阅读，涵养和眼界也会变得更高。

举个例子，《树真好》这本绘本亲切地表达了树木的美，图画与文字都娓娓道来了朴素、怀旧的生态意识："树真好，高高的大树遮住了天空。""树长在河边，树长在山谷，树长在高高的山顶上。""很多很多树在一起，就叫作大森林。"树木并不是什么稀缺物，家长跟孩子共读这本绘本能唤起他们对身边事物的感激，对自然美的敬畏和热爱。

不仅仅是阅读，用知识来提高美的价值取向还有很多方法。

例如，鼓励孩子学习戏剧，让孩子在戏剧中感受欢愉，像排一个《论语》的舞台剧，排演、制作道具、调节灯光，乃至服装造型穿搭的整个过程就是孩子了解古代仪式，沉浸于中国古文化的过程。

另外，有些家长自己本来就热爱艺术，喜欢带孩子走进美术馆对美术名作赏析。过程中我们可以让孩子静静地观看和思考，之后再跟他们互动交流，比如问问孩子：

“你看到了什么？”

“对此有什么特别的感觉？”

“你认为画是在表达什么？”

“你最喜欢画的哪个部分？”

“你认为画家作画时在想什么？”

家长要细心倾听孩子回答，肯定他们说得对的地方，必要时给予一些指引，从而提高孩子对画作的欣赏能力、对美的分辨力和理解力。

（5）让孩子懂得美的辩证

心理学上的光环效应，指的是一个人最初认定某个事物是好的，则这个事物的其他品质也都会被认为是好的。就如我们看到一个长得十分漂亮的女孩，就会下意识地认为她性格好，判断跟她一起一定会很开心，我们看到一个长相十分清秀端正的男孩时，就会下意识地认为他道德品质好，修养层次高。也就是说，我们容易被一开始的认知误导，对他人产生偏颇的认知。

家长需要引导孩子辩证地看待美，提高他们对真善美和假丑恶的鉴别水平与判断能力。

例如漂亮的金龟子，虽然它们斑斓多彩，但是啃食农作物，造成大量蔬菜和绿化树枯死，所以往往被人类认为是害虫，而那些外表不好看的蝙蝠、青蛙、蜘蛛，因为它们消灭害虫有益于人类，我们会认为它们是真正的美。

美，并不是什么神秘的力量，只要家长给孩子营造更多接触美的机会，让美在他们心中生根发芽，变成他们的生活习惯和生活品质，那么，不管孩子身处何方，美都会陪伴他左右。一朵美丽而芬芳的鲜花岂会允许自己杂草丛生？“我若盛开，蝴蝶自来”，朋友也会相继而来。

第六章

玩转亲子游戏，有效武装自己

表情训练游戏

两个孩子一起放风筝，一个托举风筝，一个负责拉线，风筝都还没有上天，不知从哪里跑来了一个小男孩，他快速地抢过风筝。

托举风筝的孩子表情僵硬，神情呆滞地望着对方，嘴里嘟囔着："是我们的，是我们的……"抢风筝的男孩丝毫没有理会他。

而负责拉线的孩子大步流星地跑来，紧皱眉头、目光坚定、咬牙切齿地把风筝夺了回来，尽管他一声不响，但脸部表情把震慑力都通通显现出来了，让抢风筝的男孩不敢反抗、落荒而逃。

如果我们的孩子在外遇到这种状况，家长是希望他像托举风筝的孩子，还是像负责拉线的孩子那样做？当然了，我们会选择后者，一声不吭但运用了表情的力量来告诉对方："我很愤怒，你不对，风筝是我们的！"让对方知难而退。

表情是个体传递信息最有效的途径之一，它由丰富敏感的脸部肌肉以及眼神、眉毛、嘴唇等构成，这些组成部分的每个细微变化都表达着一个人的精神面貌、内心思想和情感变化，喜怒哀乐等心理情感被一一反映出来。

双目生辉、炯炯有神、坚定自信，表达了自己临危不惧、一往无前，处于主动的状态当中，对方也会感受到强劲的气场；相反，目光无神、游离不定或不敢正视对方，会使对方觉得你灰心丧气、打退堂鼓，处于被动的状态当中。

当受到欺负时，孩子能以严肃、坚定、愤怒的表情示人，即使不说话，也可以表达自己的对抗和不妥协。所以，日常生活中家长通过训练游戏来让孩子学习表情管理是很有必要的。

1. 做鬼脸游戏

（1）家长来“命题”，让孩子按照指令做鬼脸，可以模仿家长的示范鬼脸，也可以自由发挥。每次给予“命题”后，家长倒数十声，预留时间给孩子做充分的表演准备。

命题	鬼脸
“愤怒的猪八戒”	用手把耳朵提得高高的，瞪大眼睛，鼓起腮帮子，舒展鼻孔，噘起嘴巴
“严肃的孙悟空”	用手把脸挤得长长的，猛皱眉头，突显下颚，做吃酸柠檬的表情，嘴巴变成一条直线，闭上了眼睛，像眼泪要流下来一样
“开心的大河马”	用手把嘴巴弄得宽宽的，做大笑状，伸长舌头，也尽量把所有脸部器官往外拉伸

家长的“命题”尽可能千奇百怪、天马行空，当孩子自由发挥时，应该多鼓励孩子把脸上的五官都调动起来，眨眨眼睛、歪歪嘴巴、抬抬眉毛等，做得越夸张越好。

（2）妈妈事先剪下几个直径为3厘米的圆形纸片，然后跟孩子一起躺在地上，脸部朝上，身体和头部都不能左右摆动，把圆形纸片放在各自的鼻尖上。

爸爸作为裁判下指令，例如“做尴尬的表情”“做欢乐的表情”“做温暖的表情”“做吃饭的表情”“做噘嘴的表情”“做惊讶的表情”“做号哭的表情”“做生气的表情”“做吹口哨的表情”“做呼喊的表情”……妈妈和孩子按指令挤眉弄眼，做各种鬼脸。

谁以最短的时间让圆形纸片掉到地上，谁就赢了。

这两种做鬼脸游戏，不仅有趣，而且能提升孩子脸部肌肉的控制能力，并对内心的诉求更加有表现力。

2. 表情来唱歌游戏

（1）家长跟孩子一起挑选喜爱的音乐，这些音乐都代表着不同的情绪，像敬畏、快乐、愤怒、悲伤、兴奋、怜爱……

如《生日快乐》《鹅妈妈童谣》《土耳其进行曲》，都是表达快乐；如海顿的《G大调第九十四号交响曲“惊愕”》、《悲惨世界》里的《最后的战争》都是表达惊讶；如贝多芬的《升C小调第十四号钢琴奏鸣曲“月光”》、肖邦的《降B小调“夜曲”》都是表达宁静沉稳；如柴可夫斯基的《B小调第六号交响曲“悲怆”》、阿沃·帕特的《镜中境》都是表达悲伤……

然后，家长抽取音乐中有代表性的段落，让孩子聆听并判断是怎样的情绪，用脸部表情来演绎，一开始慢点没关系，鼓励他们尽情地展示。

如果孩子表达的情绪不准确，那么家长可以帮助他们把抽象思维转换成具象体验。例如，当带有伤感的音乐响起来时，孩子不知道怎么做，家长便问问孩子：“记不记得上一周，你吃冰激凌很开心，却不小心把它打翻了，你又伤心又生气，对吗？你回忆一下那时候你的心情是怎样的，你的表情是怎样的。”在孩子思考后，让他们像失去了冰激凌般地把表情演绎出来。

这个游戏很适合家庭聚会时玩，每个人都轮流做表演者和评判，看看谁的表情更加到位逼真。

（2）家长首先收集各种与动物有关的古典音乐：尼古拉·里姆斯基的《野蜂飞舞》、小约翰·施特劳斯的《蝙蝠序曲》、肖邦的《小狗圆舞曲》、老约翰·施特劳斯的《小鸽子圆舞曲》、莱罗儿·安德森的《小猫圆舞曲》、普罗科菲耶夫的《彼得与狼》……

以《野蜂飞舞》为例：

在听《野蜂飞舞》前，跟孩子讲述音乐背后的故事：萨旦王因受奸人的恶意中伤，将王后和小王子流放到孤岛上，长大后的小王子救下了一位中了魔法的公主，为了报答恩情，公主去找萨旦王解开了多年前的误会，王子幻化为黄蜂攻击大反派。它狂乱飞舞，翅膀快速振动的声响就成了《野蜂飞舞》的曲子。

当播放《野蜂飞舞》时，家长提醒孩子说：“野蜂来了！”因为音乐旋律极快，音流快速密集、错落有致，感觉野蜂时远时近、时快时慢、时而盘旋、时而俯冲，像带着强烈的愤怒一般，家长跟孩子一起用脸部表情演绎野蜂坚决复仇的情感，可以让孩子模仿自己，也鼓励他自己创作。

以《彼得与狼》为例：

向孩子讲述音乐背后的故事：彼得与他的朋友小鸟一起玩耍，小猫趁机捕捉小鸟，被彼得拦住了，爷爷吓唬他们说狼要来了。不久，狼真来了，吃掉了池塘里的小鸭，还躲在树后要捉小鸟和小猫，彼得不顾个人安危，在小鸟的帮助下把狼拴在树上，爷爷和猎人赶来把狼抓进了动物园。

然后，当播放《彼得与狼》时，家长可以这样引导孩子：

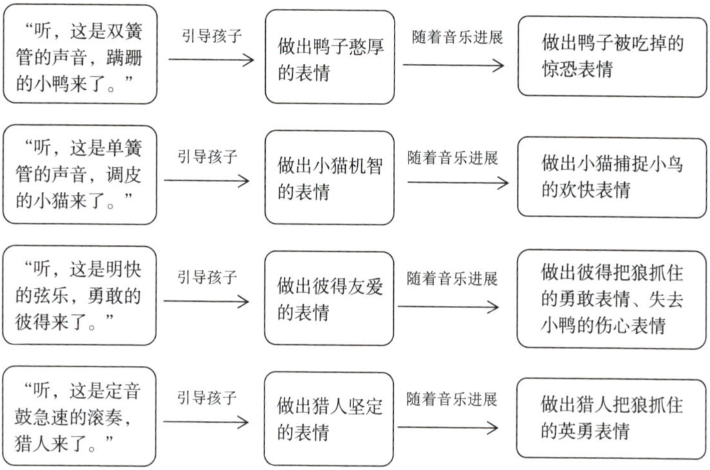

3. 互掷纸团游戏

首先，家长让孩子在不同的 A4 纸上画出不同表情，比如自豪、沮丧、开心、伤心、生气、害怕……每个表情画两张左右，揉成团，把表情的那一面埋在纸团里，再分别放到两个盒子里。

然后，拉一条绳子作为“楚河汉界”，家长和孩子各站在一边，双方各拿着一个纸团盒。

就这样，互掷游戏开始了！谁被纸团击中，就要打开纸团，做出里面相应的表情，让对方猜测，如果对方猜得不对，就要调整表情，直到对方猜中为止，然后继续，直到最后纸团都扔光。

如果希望针对性地练习孩子受欺负后的生气表情，那么建议家长多制作一些“生气”的纸团，并作出指导：让孩子瞪大眼睛来逼视，眉毛压低，鼻翼张开，气往上贯，嘴巴紧闭，嘴角下撇，牙关咬紧，这样会更有效果。

4. 捕蝇草游戏

首先需要让孩子了解捕蝇草的特性：它的样貌好像张牙舞爪的血盆大口，能够不断捕捉和消化昆虫，一旦有昆虫在捕蝇草的叶片上面停留，叶片就会自动闭合，将昆虫困在里面，之后等昆虫完全被消化后，叶片就会重新展开。

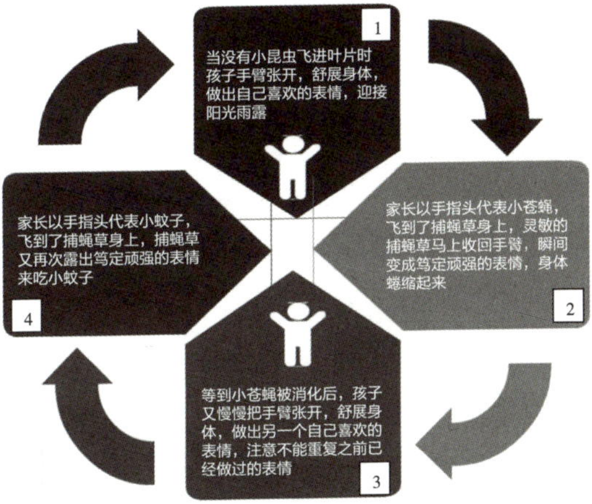

熟悉了捕蝇草的特性之后，让孩子按照图中的步骤扮演起来。如此循环往复，等熟悉了游戏后，家长逐渐加快速度，这样孩子会更加兴奋并作出快速反应。通过游戏，让孩子不再胆怯从而解放自己。

肢体训练游戏

当要表达对他人欺负行为的不满时，孩子的肢体动作可以是两手叉腰、紧握拳头、跺脚，或者头也不回地跑开，但如果孩子不懂使用这些肢体动作来表示愤怒或逃离，只是没有任何防御地低着头，身体向后缩，傻傻地站在那里，别人可能会更加得寸进尺，继续施压。

肢体表达是每个人的天赋权力。如果孩子的肢体反应缓慢，应对不了欺负者，那么家长可以多跟孩子玩针对性的游戏来改善肢体灵活度和身体表现力。

1. 摘苹果游戏

首先，这个游戏由家庭成员的一人作为裁判，例如妈妈，妈妈跟孩子说明游戏规则：不能通过语言沟通来达到目的，只能够通过肢体动作来协调对方，让对方明白自己的想法和目的。

其次，妈妈把高高的书架、落地灯、冰箱、壁柜作为“树”，在“树”的顶端放着苹果，告诉孩子要想方设法把所有苹果都“摘”下来，工具是一把小椅子，可以跟家人合作，包括爸爸和长辈，但是他们都不知道游戏的规则、流程和目标。

一开始，孩子会自己站在椅子上看能否够得着苹果，事实上我们特意给到的椅子是不可能让孩子够得着的，只有高高的成人站在椅子上，才能“摘”到苹果，当孩子站在椅子上怎么踮脚都够不着苹果时，他们很可能会为了达到目标而做危险的攀爬动作，这个时候妈妈一定要阻止孩子并提醒说：“不能攀爬，不安全，但你可以想想游戏规则，你一定能解决问题的。”

这样孩子会想到这个游戏规则是可以求助于成人的，但是不能够用言语表示，于是他们便会动脑筋思考该如何展示肢体动作来让成人帮忙把苹果“摘”回来。

在用肢体语言沟通的过程中，夹杂着求助、感谢、合作、满足、失望等元素，同时涉及孩子对肩、腰、腹、臂、手、腿等的运用，利用联动的动作来掌控达成目标的节奏。

当孩子熟悉了这个游戏后，家长再适当地增加难度和趣味性。

例如，要求摘不同“树”上的苹果，需要求助不同的成人，也就是说，孩子不仅仅要跟爸爸进行肢体沟通，达成目标，还需要跟姥爷、姥姥等其他家庭成员一一进行肢体沟通。这时候，孩子会发现，跟不同成人协调体验会很不相同，正是因为对方理解能力差异大，他需要不断调整肢体语言，这样对于肢体表达的深化会更有好处。

又例如，加入计时比赛，第一次孩子求助于爸爸用时多少，第二次求助于姥爷用时多少，第三次求助于姥姥用时多少……每个组合来个大 PK，看谁用时最短。

又例如，来个家庭聚会就更加精彩了，不同家庭的孩子相互比赛，他们可以求助于在场的任何成人，看谁“摘”下的苹果最多，谁就是冠军。

2.“手忙脚乱”比赛

比赛可以是四人或更多人玩。以四人为例，每两人分为一组，比如妈妈和孩子一组，爷爷和爸爸一组。

首先爷爷和爸爸这一组出题，把十个题目分别写在十张A4纸上，题目内容可以是职业、地点、动植物、交通工具、水果蔬菜等名词，一开始的难度不要太高，尽量是孩子比较熟悉的事物。

然后，妈妈和孩子这一组分配任务，最好是孩子负责演绎白纸上的题目，只能用肢体表达，不能出声，妈妈根据孩子的肢体语言，猜出内容是什么，在一分钟内看一共能猜中多少题。

之后轮到爷爷和爸爸那一组演绎和猜测，题目由妈妈和孩子出，同样不能说话，靠动作来沟通。最后哪一组猜中最多就是赢家。

例如：

题目	演绎者动作
大象	先低着头，把手掌放到两耳旁，做一张一合的动作，像是两扇会动的大耳朵； 跟着迈开沉重而缓慢的步伐，像体重让两只大脚深深地陷进泥沙当中； 然后把一条手臂垂下，让上手臂到达鼻子的位置，弯下腰，就像用长长的鼻子吸地面的水一样；

续 表

题目	演绎者动作
	有时还把手臂弯曲起来，又放下去，再左摇右摆，就像长长的鼻子能灵活地摆动。 但注意不要发出“唔唔”的声音来模仿大象声，因为比赛规则是不能说话的。
火箭	先蹲下来，双手抬起，手掌合拢，头向上，眼睛盯着手掌，突然做出一飞冲天的动作，快速地跳起来，暗示火箭以高速升空； 然后站在原地，先一只手从上至下往下摆，另一只手再从上至下往下摆，就像是一节一节的脱落物自由落体； 最后两手挑起大拇指做出赞美的手势，告诉对方这是一个很厉害很了不起的东西。
守门员	先两脚左右分开与肩同宽，两膝弯曲，脚跟稍微抬起，身体重心放在两脚掌上，上体稍前倾，就像守门员准备接球的姿势； 然后保持姿势不变，左右移动，就像为了更好地截获和接住对方的射球，根据对方的位置变化而调整自己的位置； 最后做接球的动作，模拟球飞到高处，迅速移动并跳起来，两臂上伸迎球，手指分开，像两手用力接住球一样，顺势抱于胸前，平稳落地，就像暗示球已经成功被拦截住。

如果在演示过程中，猜题者怎么猜都猜不中，那么演绎者可以多想几个肢体动作来表达，如果确实太难了，可以选择放弃，继续下一题。

逐渐地，家长可以增加游戏的难度，来一个成语专场：

例如“滥竽充数”，演绎者盘腿坐着，双手合拢像捧着个什么东西，嘴巴连续地吹气，眼睛望着双手，身体时而稍微往左倾时而稍微往右倾，一副得意的样子，让猜题者猜是什么成语。

又如“闻鸡起舞”，演绎者扮演大公鸡，把一手掌向外平直放在嘴巴前，手指并拢，就像鸡突出的嘴巴；另一手掌向外平直放在屁股后，身体向前倾，屁股往后翘，然后左腿弯曲，膝盖抬起，左腿再慢慢下地，右腿也一样，暗示公鸡在走动；最后突然一变，做起耍剑的动作，左旋右抽，双臂抬高握拳入云，好比舞剑时的干脆利落、飒爽英姿。

这个游戏还可以增加玩的人数，如由三四人一组变成多人合作演绎、多人猜测，这样的气氛会更活跃更俏皮，孩子喜欢极了。

3. 生肖 + 字母游戏

家长先让孩子认识十二生肖有哪些动物，以及二十六个字母的形状，然后鼓励他们摆出相似的造型。

例如生肖游戏：

生肖	肢体动作
老鼠	把两手掌合上，放在嘴前，然后缩着头，耸起肩膀，上身往前倾，双膝微屈，嘴巴发出“吱吱”的声音
牛	把双手弄成“六”的形态，分别放在头的两侧上方，脖子往外伸，屁股翘起来，身体慢慢地左右摇摆，嘴巴发出“哞哞”的声音
兔	把双手弄成“二”的形态，分别放在头的两侧上方，脖子往外伸，先蹲下来，然后往前一蹦一跳，嘴巴噘起来
羊	把双手弄成“六”的形态，分别倒过来放在头的两侧上方，脖子往外伸，屁股翘起来，嘴巴发出“咩咩”的声音

过程中，妈妈和孩子还可以来一场比赛。比赛一共有六局，第一局妈妈和孩子分别摆一个生肖造型，让爸爸猜，爸爸最快猜中的那个就是赢家，到了第二局，妈妈和孩子也分别摆一个生肖造型，但是不能重复已经用过的动物，也让爸爸猜，看这次爸爸最快猜中的是谁，谁就是赢家……六局下来，刚好十二生肖都被演绎过了，谁赢的局数多谁就是最后的冠军了。

又如字母游戏：

字母	肢体动作
A	双脚分开，双臂抬起，手掌并拢，头往上看
C	坐下来，双脚伸向前，双臂往前平放，弯曲着身体，头略略低下
K	站得直直的，一手臂伸向前并往上提，另一手臂伸向前并往下放
L	坐得直直的，双脚伸向前，双臂夹着耳朵往上抬，两手掌打开并拢
M	孩子可以双脚平行向两侧打开，距离尽可能的大，起码超过肩膀，弯腰低头，直到双手垂直撑住地面
R	站直，腰板挺直，然后左手抬起，手肘弯曲，前手臂往下，手指到达肚子位置，接着右脚伸直并缓缓抬起

之后，家长再逐渐加大难度，在纸上写出英语单词来，像“CAR”“WHY”“FIVE”，让孩子连续摆出造型。

我们千万不要低估了孩子的能力，他们的想法要比成人广阔和有创造力，只要家长不要用固定思维定义他们，太严格地要求相似度，孩子的肢体动作会让我们又惊喜又佩服的。

4. 情绪影子游戏

带孩子到户外，让孩子在地面上找出自己影子的位置，然后做出肢体动作，赋予影子动态：

对于“开心影子”，孩子的肢体动作可以是手臂伸直往上抬，一条腿翘起来，这样的影子能展示出欢悦的状态；

对于“愤怒影子”，孩子的肢体动作可以是双手叉腰，一腿稍微往外曲，一腿站直，这样的影子能展示出怒气冲天的状态；

对于“郁闷影子”，孩子的肢体动作可以是一手撑着头，把头发搞得凌乱一些，一手无力地垂下，双腿软软的感觉，这样的影子能展示出无精打采的状态；

对于“惊讶影子”，孩子的肢体动作可以是歪着头，两手用力压着双颊，这样的影子能展示出不知所措的状态……

最后家长为不同的造型拍照片、点评，让孩子明确肢体与情绪的关系。

这四类训练游戏并不复杂，家长可以跟孩子抽空高质量地玩起来，让神经肌肉对各种动作模式进行记忆，从而更好地形成条件反射，减少社交冲突的无力感和无助感。

语言训练游戏

当被打时，孩子能大声说："不！"

当被嘲笑时，孩子能幽默地说："跟我说话吗？我听不懂。""是这样啊？"

当被发号施令时，孩子能勇敢地说："不！我觉得你可以……"

当被抢玩具时，孩子能灵活用"或许……或许……""可以……也可以……"的选择句式。

这些都是家长希望看到的。

幼儿的语言是为交际而产生的，同时在交际过程中得到发展。如果家长希望孩子在冲突中能有快速的反应，自然顺畅地表达，那么日常就要重视对于语言的训练，下面是一系列的游戏方法。

1. 朗读游戏

（1）孩子作为朗读者

首先，让孩子准备好要朗读的绘本故事，然后鼓励孩子富有感情地有目的性地读出来，旨在充分调动孩子的语感。家长也可以一起来读，把故事的神韵味道读出来，让孩子受到情感的熏陶，激发他们下一步的朗读欲望。

接着，让孩子选择喜爱的角色来演绎。

例如《图书馆狮子》中的主人翁麦小姐：

当孩子念："如果你不保持安静，就得离开，这是规定！"家长引导孩子使用紧凑的语速，以果断的态度、沉稳的语调来说，表达要求对方必须遵守规定。

当孩子念："马彬先生！马彬先生！狮子，请你叫马彬先生来。"家长引导孩子使用着急的语气，以诚恳的态度、高昂的语调来说，表达急于求助于他人。

当孩子念："我的狮子会帮我的。"家长引导孩子使用温和的语气，以亲切的态度、平直的语调来说，表达自己的心满意足……

又例如《阿文的小毯子》中的妈妈：

当孩子念："天哪！你怎么把毛毯塞在裤子里？"家长引导孩子使用疑惑的语气，以厌烦的态度、上扬的语调来说，表达希望对方放弃这种做法。

当孩子念："不行！"家长引导孩子使用命令的语气，以坚决的态度、强有力的语调来说，表达决心对对方行为的禁止。

当孩子念："小手绢儿，一大堆，擦擦眼泪，擦擦嘴。"家长引导孩子使用俏皮的语气，以愉悦的态度、清脆的语调来说，表达为问题的完满解决而开心……

但在现实中，孩子说出来的语气跟我们所期待的不同。例如同一本绘本，当念到“不”时，有的孩子念得高亢激昂，有的念得声嘶力竭，有的念得深沉平缓；当念到“我是你的好宝宝”时，有的孩子念得奶声奶气，有的念得娓娓动听，有的念得铮铮有声。

其实这都是再正常不过的事，因为孩子与成人的理解力、语感很不同，这些都充分体现了他们思考的独立性。这时候，家长尊重孩子的表达即可，但如果跟绘本原来要表达的情绪相差甚远，我们可以适当提醒一下。

例如，当演绎绘本《大卫，不可以》里妈妈“不可以！”的喊叫时，如果孩子念得拖腔拉调、憨声憨气，那么家长可以让孩子重新判断该使用怎样的语气，甚至联系实际情况来提醒孩子：“回想一下，上次你没有经过爸爸的同意就拿了他的手机，爸爸说‘不可以’的态度是怎么样的？模仿一下。”以这种方式来让孩子感知“不可以”应该是铿锵有力、掷地有声的。

当孩子说得不错时，家长要实事求是地给予正面激励，例如说：

“你的表达让我很满意，比之前都有进步。”

“你说得可吸引我了，我要向你学习学习。”

如果家长希望借此针对性地提升孩子在现实中的表达勇气，还可以这样说：

“你表达得很出色，不仅是表演，日常也要这样大胆说出来，相信会让你更有魅力！”

“你跟小伙伴们一起时也可以这样说，你能行！”

从朗读、角色演绎过渡到现实生活，培养语言能力和形成应对问题的精神力量才是游戏的真正目的。

（2）孩子作为裁判

当在语感上有一定积累后，孩子对表达会越来越上手，如果这时让孩子来当“裁判”，“评估”家人的朗读和演绎，那么他们的语言表达能力会有更大幅度的提高。

例如，父母分别演绎同一绘本同一对白，像《长颈鹿不会跳舞》中的“我们一定是在梦里，杰拉德居然会跳这么优美的舞蹈”，爸爸用轻蔑的语气说出来，表示对杰拉德的愤怒和妒忌，而妈妈用悲哀的语气说出来，表示对杰拉德的难以置信，自己却暗自自卑。然后再来听孩子对两种表达的看法和观点，鼓励孩子以他认为正确的语气读出来。

逐渐地，通过对故事开展交流和朗读，孩子能感受各个角色的语言魅力，深化对语言的敏感度，强化已经接触过的词汇和语句，也发展新的语言措辞，从而更加灵活地运用语言来传达内心思想，使口语表达越来越自然，甚至能重组创作更多适合当时情景的语言。

2. 指偶游戏

孩子都喜欢玩指偶，我们可以鼓励孩子单独完成“指偶剧”，一边用相应的语气讲述故事一边用手指控制指偶动作。

家长先作示范，之后再让孩子尝试。

打个比方，妈妈以自己的旅游经历来“演剧”，手指分别套上妈妈的头像、爸爸的头像和三刺鱼的形象。每当讲述到哪个角色，哪个手指头就积极“工作”起来，如弯曲手指、伸直手指、轻点手指……

情节叙述	动起来的指偶	相应动作
五月，爸爸妈妈来到了加拿大的温哥华岛，在岛上看到了无数个清澈透底的冰湖。	爸爸、妈妈的头像指偶	手指直直地前后摆动，像指偶在快乐地走路一样
爸爸妈妈兴奋地跑到冰湖，探手试起了水温，都被冻得惨叫起来："哎呀！太冷了，锥心的冷！"	爸爸、妈妈的头像指偶	手指关节快速地一伸一屈，像指偶很兴奋但又害怕的样子
爸爸笑着说："别试水温！试了就下不去了！"	爸爸的头像指偶	手指左右摇摆，表达否定的意思
最终我们在教练的训练下进行了浮潜！在水下就可以用肉眼看到一种拇指般大小的鱼，叫三刺鱼。	三刺鱼的形象指偶	手指不停地活动，时而向前，时而向后，时而抖动，时而旋转，表达鱼儿自由自在地游动
这次经历太难忘了！我们人生中第一次看到三刺鱼呢！	爸爸、妈妈的头像指偶	手指不停地点，表示点头赞同的意思

轮到孩子单独表演"指偶剧"，在他们讲述自己的故事前，家长应该跟孩子做充分的回顾：

哪个故事或者生活事件是最难忘的？

过程中发生了什么有趣的事？

地点在哪儿？人物有谁？

他们都说了些什么话？

他们的情绪是怎么样的？

如果孩子打算说的事件是有照片记录的，那就更好了。把照片按顺序一一排放着，这样能够让孩子回忆更多有趣的小细节，过程中即使他们想加入了天马行空的畅想，家长也要大大鼓励。

家长以倾听、鼓励、支持性的微笑为主，一开始，可以适当提醒孩子注意不同角色的声音变化，当哪个角色“上场”时，就要动动那个手指头，别错过每个小手指的表演机会，这样演绎起来才更有挑战性，更生动有趣。

当孩子讲述完，家长要多问相关问题，一来表示我们有认真听，觉得内容很吸引人，增强孩子的自信心；二来让孩子在这件事上挖掘更多可说之处，理清思路，还原一些关键内容，如：

“你觉得哪里是最有趣的？”

“你为什么喜欢这次经历呀？”

“你当时的感受是怎样的？”

“你下次还会邀请谁一起参加呢？”

尽量打开孩子的话匣子，如果我们发现孩子对其中的某一细节特别兴奋，那么就挑选这一细节问更多问题，鼓励孩子多说多感受。

3. 绘画问答

如果孩子不喜欢朗读故事、演绎故事，那么家长不需要那么“刻意”，尝试拿出孩子以往的画作，或者当孩子刚好完成了他的绘画作品时，用欣赏的态度跟他们深入互动，问一些有意义的指示性问题，旨在让孩子畅所欲言，锻炼他们的语言表达能力。

很多孩子都喜欢绘画，尤其在没有成人干涉的状态下，会以画画来表达自己的情感，这是他们独有的语言。家长可以这样引导：

“你画的是生活中的哪个小细节呀？让我猜猜，画的是正在刷牙的妈妈吗？”

“你画得特别认真，为什么要把这个瞬间记录下来呢？”

“画中你旁边站着一个小朋友，他是谁呢？”

“为什么你把这些花纹画在小猫身上呢？”

“你最喜欢画面的哪一个部分？为什么呢？”

无论孩子怎样回答，家长都应该多给孩子鼓掌，让他尽情把创造性化成语言表达出来。

一般来说，对于日常不喜欢说话的孩子，这个方法比起前面两个方法更能激发起他们的表达欲。毕竟每份作品都是独一无二的，孩子更愿意说出一切想说的，家长在不知不觉中就能打开语言的大门了。

将语言和生活的点点滴滴联系起来，亲子对话与回应也是语言发展的关键，除了让孩子敢说、乐说、巧说，也让他们懂得不被别人的语言控制自己的思维。在努力之下，愿我们能看到静待花开的成果。

胆识训练游戏

胆识是一种高贵的品质，能给孩子带来面向未知和外界的底气和勇气。但并不意味着孩子被欺负了，家长就要增强他的胆识，而是胆识本来就应该存在于任何一段关系当中。

欺负者的态度，很大程度上建立在我们的态度之上。如果孩子“今日割五城，明日割十城，然后得一夕安寝”，这种妥协只会让欺负者继续侵犯，当孩子坚决维护界限，向他人展示“人不犯我我不犯人”的胆识，欺负者会感受到自己可能因此而产生更大的代价，那么伤害他人的冲动就会在顾虑之下消退，从而停止所做的一切。

增强孩子的胆识，少不了日常家长的陪伴与灌输，下面的家庭游戏能够帮助到我们。

1. 沉浸式探险寻宝游戏

家长都喜欢带孩子四处旅游，去见识祖国的锦绣山河，感受大地无比宽广的胸怀，从银装素裹的北国，到春色盎然的南疆，从带有潮湿泥土气息的东部平原，到空气稀薄但巍峨挺拔的高原，让孩子在游历中锻炼胆识、增广见闻。

在家里玩探险寻宝游戏能够让孩子虚拟感受不同地方的环境变化，配合作出相应的反应。游戏中的模拟路程惊心动魄、变幻莫测，充满了危险的未知，最终目的是找到带着神秘色彩的“宝藏”。

玩这个游戏孩子会很兴奋，因为它不仅具有挑战性，趣味性也很大。一开始可以在大白天玩，逐渐地，尝试在夜间玩，夜间更能让孩子“胆战心惊”，提升他们的胆识。

游戏规则	从客厅到房间是需要完成的游历路线，目的地是模拟洞穴的房间，里面藏着宝藏，找到了宝藏游戏才真正结束。全过程按照父母对环境的指示，孩子配合作出反应。
模拟高山地带	家长把一个个沙发垫叠起来，叠得越高越好，模拟高山。 当孩子向前出发时，家长提示：“来到了珠穆朗玛峰，你要拼命地攀上去啊！” 当孩子努力地爬上“顶峰”时，家长突然喊：“哇，突如其来的暴风雪来了！赶快躲避啊！”然后家长把一个个又小又软的毛绒玩具以合适的力度迎着孩子丢过去，喊：“小心雪崩！快逃！”这时候，孩子会用尽全力挡住“雪块”的“攻击”，继续爬上“顶峰”。 接着家长用力摇摆叠着的沙发垫，让孩子跌进“冰裂缝”中，孩子的滑倒会让他更使劲地往上爬。为了营造惊险的寻宝氛围，家长大声地鼓励孩子：“在冰山上陷入困境一点都不奇怪，明显现在你的能力不足，你有信心能够再次往上爬吗？加油！” 当孩子再次奋力往上攀登时，家长在一旁突然开起电风扇，调到强风的挡位，大声喊：“狂风来袭，现在温度越来越低啦！”让孩子迎着风挺进……

续 表

模拟沙漠地带	家长提示孩子："我们进入了沙漠地带，沙漠里有流沙，它把你的身体吸进去了，你没办法抬起脚！"家长蹲下来用双手抓住孩子的脚，越抓越紧，就像沙子吞噬孩子的身体一样，这时候孩子会做出挣扎的求救。然后，家长一边开着风扇的强风挡，一边把小纸屑放在手中，任风吹到孩子的脸上，说："沙尘暴来了，你的眼睛都睁不开了！"看看这位小探险家如何避开沙尘暴继续前行。 之后，家长拿出一条条软软的橡皮管模拟沙漠中的毒蛇，提醒孩子："看，你脚下出现一群毒蛇，随着气温的上升，它们活动变得频繁，准备捕捉猎物啦！"这时候孩子是跳着绕着走开，还是用脚踩死"毒蛇"呢？我们看看孩子是如何躲过危险的……
模拟火山地带	家长事先在地板上零散地放好几个套圈，告诉孩子："地上有很多滚烫的熔浆，千万不要踩到它，要不就丢掉性命啦！"让孩子跳过一个又一个套圈。 然后家长提醒："快捂住鼻子！四处都弥漫着火山灰和有毒气体。"当孩子捂着鼻子小心前行时，家长拿出跳绳放在地面上，蹲下来握着一端不断地轻轻甩向孩子，告诉他："熔岩流正在流动，你要跳起来，防止熔岩流碰到脚。"看看孩子能不能一边躲避跳绳一边跳过套圈环……
模拟洞穴	家长提前关上房间的灯，拉上窗帘，把各种大大小小或硬或软的玩具都放在地上，指着玩具告诉孩子："洞穴里是潺潺小溪，溪里都是这些石头，要小心踩稳石头过河呀！"看看孩子是怎样摇摇晃晃地踩着"石头"过河的。 这时候，家长趁孩子不注意，偶尔扔一两个小纸团到孩子身上，说："蝙蝠要飞过来了，不能让它们碰到你。"孩子听了后会高度警惕，反应迅速地弯腰躲避"蝙蝠"。

续 表

	家长还可以偶尔摸一下孩子的小脚，说："小溪里有不明生物会跳上来咬你的脚，记得也要避开它们哦。"就这样，沉浸式的惊险体验让孩子乐此不疲，以寻到"宝藏"为止。

在整个过程中，孩子要随着家长的指令，想象新的环境，连蹦带跳、东奔西窜、匍匐前进、左钻右钻，有时想象自己飞檐走壁、横冲直撞，有时想象自己步履艰难、蹑手蹑脚，态度时而小心谨慎，时而雷厉风行……

除了以上的"真实"场景，家长还可以给予更多想象力丰富的环境让孩子闯关：

像在屎壳郎的粪堆上行走，当脚抬起来时，发现脚上都是黏糊糊的粪便，还有几只屎壳郎粘在脚底，它们扭来扭去，这时候臭气熏天；

像在巨型的棉花糖上行走，脚一抬起来，另一只脚深深地陷进去，每一步都使不上力气，最后只能爬着往前走，但棉花糖起起伏伏，让身体不断地晃动，一不小心从空洞里掉下去；

像闭着眼睛在钢丝上踩单车前行，下面是一片汪洋大海，孩子要寻找一个最佳的平衡位置和重心，"即将摔倒"对孩子来说是一个巨大的挑战……

当孩子沉醉在"跋山涉水"，体验在心神不定的状态下仍要全力以赴时，不知不觉中也促使了他们更加眼明手快、勇往直前。

2. 枪战游戏

这个游戏的核心就是营造了一个紧张刺激、危险重重的战斗场面，把孩子的潜力大大地发挥出来，也诠释了“战友”情谊，彰显个人本色。

游戏规则是各方都拥有枪械，需要戴上防护眼镜，穿上防护服。过程中可以藏在家里的任何地方，可以叫嚣、奔跑、匍匐前进进攻，目的是寻找对方的藏身之所并瞄准对方开枪、扔“手雷”，对方可以躲避子弹或者拿身边的大件物体作掩护。

击中对方较多的那一方为赢者，下次可以选取更高档的“武器”，如果有更多家庭成员一起玩，赢者还可以担任团队的领导，负责拟定下一轮“战斗”任务，分配个人角色和任务。

正因为“战场”让人闻风丧胆，游戏展示了孩子相互勉励的气概，不服输的倔强，真情流露的自信和神气。最重要的是，当孩子扮演彪悍的角色、想象自己和坏人奋战时，他们正在填补现实生活中的弱小心态，根据自己的想法创造属于自己维护和平的世界，享受主人翁感、责任感和成就感。

对于枪战游戏，很多家长存在误会，他们会担忧游戏把天真烂漫的孩子变成充满暴力的人。已有研究表明，此类游戏不会引起孩子的攻击性行为。其实，这种游戏的本质反映了自然生态的现实，它不仅能够帮助孩子塑造坚韧强大的心态，学会处理善恶的划分，也有利于孩子情绪的发泄，让孩子的身心更健康。

3. 躲猫猫游戏

这个游戏之所以经久不息，受到每个时代的小孩和家长欢迎，是有它的秘密在里面的。

躲猫猫能促进孩子对抗恐慌和焦灼，增强胆识。对于他们来说，每一次躲的过程都是全新的“发现之旅”，而最终能找到家长的结果则是成就感的获取。

家长可以邀请其他孩子到家里一起玩，随着自我意识的强大，孩子会越来越精明，探索心态也会增强。他们会逐步尝试躲进衣柜、箱子、洗衣机、床底、墙、沙发后，旨在把自己更隐蔽地藏起来。但是，一旦遇到柜体从内难打开，在狭小空间被卡等状况，就很容易造成“进得去，出不来”等情况。所以，家长最好设置一定的安全范围给孩子们玩，这样他们玩得开心，家长又安心。

胆识训练游戏是冒险刺激的，孩子在好奇心的驱动下，通过不断地体验，构建起自己更强的心理承受能力，里面包含了成功和失败、荣耀和委屈、创造和跟随、发现问题和解决问题……这些都会让孩子更有力量。

因果思维训练游戏

小孚就读的幼儿园开展走平衡木的体育活动，他几乎每天都跟几个活跃的男孩争抢上平衡木，肢体冲突常有发生，但被打伤的总是自己，后来还延展到其他活动中，成了这几个男孩的重点攻击对象。

如果孩子拥有因果思维，能够明确“我们几个男生都想先上平衡木”是冲突的根源，也认识到“争抢上平衡木”的结果只会让自己进一步被欺负。那么，孩子就很有可能会改变争抢的行为，以沟通协商、轮流上平衡木、同时在不同位置上平衡木的方式来平息冲突。

家长很有必要让孩子理解并运用事物之间的因果关系，这样当孩子身处集体时，才能条件反射地明确被欺负的原因，以及自己行为所带来更多更长远的后果，从而判断需不需要改变方式做出更有利于结果的行为。

因果思维在 2 岁左右开始萌发，2—3 岁时期得到快速发展，3 岁基本可以理解和表达大部分的因果关系了，比如吃了太多糖果后，可能牙齿会变坏；吃了太多冰激凌后，可能会拉肚子，不吃完饭就没有出去散步的机会……随着年龄增长、经验增加，3—7 岁的孩子对因果关系的理解将越来越深化和多面。

但是，要让孩子利用因果思维来对社交冲突进行前期干预，控制被欺负的事件发生和发展，那就需要一个理解内化的漫长过程，和大量的练习。

1.“为什么—因为”游戏

“为什么”和“因为”这两个词，能够帮助孩子理解行为和后果之间的联系。例如，“他踢我，因为我吃了他的巧克力”。那么吃巧克力与被踢有着必然的联系，要避免被踢就是不吃他的巧克力。要知道，对于这种逻辑关系，成人认为是浅显易懂的，但对于孩子来说，真不一定那么清晰。

所以日常我们多玩“为什么—因为”游戏，循环开启“打破砂锅问到底”模式。

游戏规则是：一方拿着好几个不同款式的小襟章，负责大声问“为什么”，另一方用“因为”来作答，每回答原因一次，就能佩戴上一个小襟章。游戏可以随时随地地由不同家庭成员进行比赛，看在一定时间内最后谁佩戴的小襟章多。

（1）基础对话

例如：

妈妈说：“我想做个健身计划。”

孩子大声问：“为什么？”

妈妈回答说：“因为最近身体不太舒服，想锻炼锻炼。”然后孩子帮妈妈佩戴上一个小襟章。

孩子又大声问："为什么？"

妈妈回答说："因为我熬夜太多了，身体都垮了。"然后孩子又帮家长佩戴上一个小襟章。

孩子继续大声问："为什么？"

妈妈回答说："因为工作太多了，到了晚上都没能完成。"然后孩子帮家长佩戴上第三个小襟章。

就这样，双方继续把问题延伸下去。

之后，家长跟孩子的角色调换过来，家长问孩子为什么，而且尽可能多问几个为什么，让孩子从更多角度寻找答案并赢取小襟章。

孩子说："我想买个无人机！"

妈妈大声问："为什么？"

孩子回答说："因为它太有趣了，我没有玩过。"然后家长帮孩子佩戴上一个小襟章。

家长大声问："还有什么原因吗？"

孩子回答说："因为我的好朋友们都会操控，我也想学！"然后家长再帮孩子佩戴上一个小襟章。

家长继续大声问："为什么他们都会操控呀？"

孩子回答说："因为他们都报了兴趣班，专门学了这个。"然后家长又帮孩子佩戴上一个小襟章。

家长再大声问："还有什么原因吗？"

孩子说："因为他们爸爸妈妈都喜欢玩，经常到户外练习。"然后家长帮孩子佩戴上第四个小襟章。

家长跟孩子约定，当天拿到最多小襟章的是"日冠军"，当周拿到最多小襟章的是“周冠军”，“月冠军”“季度冠军”如此类推。

（2）进阶对话

当孩子碰到社交问题时，家长还可以利用“为什么—因为”来促进孩子分析冲突和总结原因，就原因思考解决方法。

例如，孩子今天回到家很不开心，妈妈发现了，并了解到原来孩子跟好朋友吵架了，很伤心，那么就可以跟孩子玩“为什么—因为”游戏来逐步解开孩子的心结。

家长说：“你今天跟钰钰闹别扭了，现在还有点难过是吗？”

孩子说：“是，她把我的彩色笔丢掉了。”

家长接着问：“哦，那你肯定很生气了，为什么她把你的彩色笔丢掉呀？”

孩子回答说：“因为我笑话她了。”这时候，家长帮孩子佩戴一个小襟章。

家长大声问：“为什么你要笑话她呀？”

孩子回答说：“因为她吃饭吃得特别脏，我笑她是个小野猫。”这时候，家长又帮孩子佩戴一个小襟章。

家长大声问：“为什么钰钰不喜欢你这样笑话她呢？”

孩子回答说：“因为她很伤心。”这时候，家长再帮孩子佩戴一个小襟章。

家长继续大声问：“为什么她很伤心呢？”

孩子回答说：“因为我是她的好朋友，她不想好朋友这样评论她。”接着，家长帮孩子佩戴第四个小襟章。

最后，家长简单总结孩子的话：“哦，那就是说，因为你是她的好朋友，而你的话伤了她的心，她才丢掉你的彩色笔，对吗？那你觉得应该怎样做才能让大家都不生气呢？”家长跟孩子就分析出来的原因一起商量出维持双方关系的解决方法。

这时候，其实孩子已经不再生气了，因为他从游戏中已经明确到，冲突的发生是因为对方很在乎他，很重视他所致的，不应该为了表面的愤怒而毁掉好朋友之间的感情。

这个游戏锻炼孩子把握冲突的原因纯熟度，灵敏地想办法把恶性收场转化为好结果，帮助他们组织“原因—不良结果—解决—好结果”的回路。

慢慢地，孩子会发现，实质上小襟章所代表的“因为”都是美好的，并非恶意的，越多小襟章就越能洞悉透彻事件，也越能看到对方内在的需要。这一切，都为孩子理性的社交生活奠定基础。

2. 传话筒游戏

妈妈在孩子耳边讲一些有趣的传话内容，孩子听后也在耳边轻声传话给第三个人，可以是爸爸或其他家人。同样地，第三个人传话给第四个人，如此类推，最后一个人大声说出来，让妈妈验证。如果没有家人在身边，那就让孩子在妈妈耳边复述一遍就可以了。

家长传话的内容，要融会因果思维，情节趣味性强，足够吸引孩子的注意并促使他们对因果关系的理解。

如这样的传话内容：

三只小猪的故事，你知道为什么大灰狼会弄倒前两只小猪的稻草屋和树枝屋吗？是因为大灰狼得了重感冒，打了一个好大的喷嚏，屋子就倒塌了，并不是因为大灰狼故意狠狠地吹它们的屋子。那你知道为什么大灰狼要去找小猪吗？因为它要给它的老奶奶做生日蛋糕，但糖用完了，想问小猪借一杯糖，而不是因为大灰狼要去吃小猪。

上文是改编自乔恩·谢斯卡的《三只小猪的真实故事》，它很有创意，为《三只小猪》里大灰狼犯下的罪行进行“洗白”，而且突出因果关系，能促进孩子辨别事情的是非曲直，引起思维大风暴，这样的内容孩子会特别感兴趣，认真聆听和复述。

在孩子传话过程中，家长需要留意他们有没有体现原文的因果关系，如果有，家长引导他们尽量用强调的语气来突出“为什么”“因为”，这样能加深印象，然后加以欣赏，如果没有，可以让孩子再说多一遍。

当孩子熟悉了玩法后，家长再让他们尝试编故事，鼓励他们灵活使用因果思维。只要孩子认为游戏是足够好玩的，那么就会慢慢达到我们想要的效果。

3. 卡片游戏

家长准备一些卡片，每张卡片上面画着不同的事物，然后没有规律地抽取出来，让孩子快速作出反应：“我喜欢……因为……”“我不可以……因为……”。

例如：

孩子抽出的卡片上画着足球，可以按照自己的喜好说：“我喜欢踢足球，因为球场上有好多好伙伴！”

孩子抽出的卡片上画着剪刀，可以发挥自己的想象说："我们不可以拿剪刀来玩，因为会伤害到自己！"

孩子抽出的卡片上画着蟑螂，可以说出自己的想法："蟑螂不可爱，因为它有病毒，但又很可爱，因为它小小的、胖胖的。"

家长还可以跟孩子一起比赛，或者邀请更多小伙伴一起参与，看谁反应最快、说得最响亮、表达得最准确。随着熟练程度的增加，家长需要加快抽取卡片的速度，孩子也要加快应答的速度。这样，孩子会更加感兴趣去挑战新难度，从而大大促进因果思维的内化。

家长要把强化因果思维的游戏当作与孩子的常态交流任务，帮助他们组织语言，搞清楚事件的原因和结果，为问题寻找最优的解决方案。

附　录

多孩家庭中孩子的脆弱感

随着二胎、三胎政策的开放，多孩家庭中孩子在外性格软弱、被欺负的咨询也随之增加。

原因有很多，如果仅仅从家庭角色的角度来看，大宝、二宝、三宝在各自的位置中都带有自身的脆弱感，这种脆弱感会间接弱化他们对外解决问题的能力，从而增加了被欺负的概率。

下面，我们从多孩家庭中孩子的角色维度来分析原因和寻找解决办法，并不一定适合每个家庭的具体情况，但家长可以从这些共性中酌情参照和改善现状。

1. 大宝的世界其实并不“大”

在咨询案例里，当被欺负者是家中的大宝时，往往他们父母的沟通模式是这样的：

“你是大哥，记得要让着小的！”

“弟弟妹妹都不懂事，你是他们的榜样，知道吗？”

“姐姐就得负责任！”

很多家长认为大宝承担着照顾弟弟妹妹的责任，会不自觉地加大对大宝的制约，让他成为榜样，做不到就“杀鸡儆猴”。

事实上，每个孩子都有自己的边界，当他人没有触及边界时，他们会容易接受和反馈，但当他人越过这条边界时，他们自然会全心拒绝，只是大宝长时间在压抑的氛围下生存，这种本能的拒绝慢慢被“平息”，变得不再反抗了。

例如他们对自己有着过高的要求，无底线地迁就弟弟妹妹，容忍家中不公平的待遇，爱把错误都归责于自己，逼迫自己变得成熟忍耐、包容听话、保守不冒进，以此来换取家长的认可，正是这种“贡献”精神把自己希望得到家长抚慰的需求给掩盖了。

如果这种脆弱感延伸到社交上，大宝可能对他人心细如尘、极度敏感，思绪不外露，有高于其年龄段的同理心，但缺乏安全感和自信、存在感低、脆弱消沉，常以别人的脸色来判断自己，难以接受被否定。这样，大宝在社交中即使被欺负也会忍气吞声、一笑而过，压抑真情实感。

所以，对于大宝，家长应该更加包容，尽量做到以下几点。

（1）推动大宝成为家中的带领者

让大宝帮助弟弟妹妹喂饭、洗澡、读绘本、玩游戏，做力所能及的家务。在照顾弟弟妹妹的过程中，大宝会更懂得爱，感受到自己成长的力量，在成就感中增强对弟弟妹妹的手足之情、爱护之情。但这并不是强硬地用表率、模范来约束大宝，一旦做错就上纲上线，而是从安全感中萌生责任的力量。

（2）安排固定时间单独陪伴大宝

家长每天找一个固定时间单独和大宝玩游戏、读书、聊天、运动，就像弟弟妹妹没有出生之前那样。渐渐地，大宝会理解到，他对父母而言是独一无二、无可取代的，虽然现在相处的时光不像从前那样多，但爸爸妈妈的爱没有变。

家长也可以定期单独和大宝翻看他小时候的相片和视频，回忆那时候的有趣点滴。大宝看了，一般会产生共鸣，原来自己小时候也有这么多美好回忆，自己和弟弟妹妹一样，是父母关注的对象。

（3）帮助大宝排解自责感

如果发现大宝非常容易自责，爱把冲突的过错归到自己身上，甚至还通过“反思”而“过分承担”，家长千万不要敷衍地说：“不争气！连鸡毛蒜皮的事都放在心上！”这种不理解会让大宝窒息，而是充当孩子背后坚实的后盾，说：“妈妈知道你有点难过，如果是我，可能也会这样，我们一起回想一下这件事情吧，说不定能解开心结。”然后找出事件的根本原因，跟孩子分析各方的做法和情绪，让他明白“一个巴掌拍不响”，所有矛盾都是各方的独角戏，找到问题的解决方法就是智慧之路，钻牛角尖只会伤害到自己。

（4）提供安抚物

大宝在生活、社交中遇到伤心的经历后沉沦其中，不希望向家长倾诉是件很正常的事。家长千万不要为孩子贴上“自闭”的标签，而应该尝试买一些可爱的宠物或者毛绒娃娃给孩子，他们会以此为倾诉对象。

家长要自然地设计环境和提供安抚物给予孩子，让他们把放松的状态作为一种习惯和秩序。然后在大宝开心的时候用讲故事的方式引导他们说出经历，这样他们会更有安全感。

布洛迪的《情感依附》中说：“儿童不是由父母培养大的，不是父母教给他们如何成长，而是儿童自己从父母那里‘捕捉’了成长所需的。”当大宝“捕捉”到家长“爱”的信号，他们更能修复自身，在外也不容易处于弱势的状态。

2. 二宝的“夹心层”

在咨询案例中，二宝容易在外被欺负，往往跟在家庭中的不被重视有关，这一点跟大宝有点相像。

二宝一开始备受关注，后来被老三占据位置，跟大宝相比自己没有什么优势，跟老三相比也没有那么可爱弱小来吸引父母的注意力。

所以有些二宝为了展示自己的存在，更加努力迎合家长的需求，表现得懂事乖巧、不惹麻烦、让大人省心……只有这样才能赢得父母的赞同和喜爱。于是，老二比其他兄弟姐妹更懂得察言观色，成为父母所期望的样子。

同样的，如果这种脆弱感延伸到社交上，二宝在人际关系中，通常是比较随和的，不轻易得罪人，掩盖自己的需要，对对方没有什么要求，以忍耐和克制来追求双方和谐的状态，不容易思考或感悟出新的方法来解决问题，当被欺负时倾向于优柔寡断、反应迟缓。

所以，对于二宝，家长的呵护和关爱不可缺，帮助他们建立好内心的安全感和秩序感。而千万不要以忽视、催促的沟通方式来推着孩子走，因为二宝只是看上去对于任何东西都能接受而已，其实内心深深地渴望着包容和信任。

当孩子没能想到方法来解决问题而闷闷不乐时，如果家长对此忽略、厌烦，那么他们就会更加消沉失落。我们应该这样引导："宝贝，你看上去有点烦恼，可以告诉妈妈发生了什么事情吗？我们一起来想办法解决吧！我相信我们能够找到答案。"

平时，家长要多给二宝表达的机会，并且灌输孩子"想到就可以说"的观念，让他们高频率地"热"起来。这时家长的接纳与耐心倾听尤为重要，再慢慢鼓励孩子过渡到勇敢在大众面前表达自我。

家长不要总以大宝的榜样作用来教育二宝，以老三的名义来催促他懂事，而应该尽量多地强调他自身的独特性，让他散发个性的光芒。一般来说，老二的环境是"承上启下"的，他们有足够的机会对大宝关怀，对老三照料，天然地具有做调节者的环境，所以家长可放手让二宝更好地施展潜能，分配一些符合他们年龄的任务和责任，助他们一臂之力塑造独立的自己，这样在外才有足够的自信，不容易被欺负。

3. 老三的"弱"是假象

很多家长认为最小的孩子容易受到伤害，所以会尽量迁就老三，如果犯错了，也可能会责怪哥哥姐姐没有照顾好。久而久之，全家人都奉老三为最“弱”的宝贝，家里的事无须他操心，他自己的事也被包揽。家长忽略了老三本身的需求和发展，无节制地把所有营养都提供给他。

也因为平时的约束并不多、同理心不足，老三有可能成为对外矛盾的挑事者，但因为解决问题能力薄弱，过分执着于自我，眼里容不下别人的意见，这种“强硬”反倒可能成为被欺负的那个。所以，家长要对老三放手，一视同仁，守住界限，鼓励老三依靠自己独立完成事情、追求目标，学会沉着地应对事情。

教育过程中，最要避忌的就是家长以批评指责的方式来纠正老三，因为孩子本来就“集万千宠爱于一身”，喜欢被赞美和认同，希望拥有一个能展示自我的平台，尽情释放能量和魅力，更需要被融入、被赏识，他们只要感受到家长的正面关注，自然就容易接受引导。

家长可以赋予老三温暖的角色和责任，提供机会让他们实现抱负，表扬他们在过程中的努力和自我调节。

例如，老三在游戏中特意捣乱撒野，家长可以这样说：“你来担任大家的小组长，任务是在游戏中帮助各位小朋友，你能成为大家的好榜样吗？”当老三做到了，记得要赞赏孩子：“看得出你很努力为大家服务，你的付出很珍贵，大家都喜欢这样的你！”当孩子做得不好时，家长说：“如果小组长能够有勇气收拾残局那就更好了，大家都说你是个有担当的孩子呢。”

家长以这种方式不断地激发老三的责任心和成就感，这样他们会更自信地调整社交行为，从“我能行”进阶到“我能做”，避免总是无意义地挑拨事端的局面。我们要相信，当老三被信任并赋予权力去做某一件事时，无论擅长或不擅长，他们都会竭尽全力去做好，因为他们蕴藏着巨大的潜能。

4. 消灭脆弱感的关键：不盲目追求公平

当有两个孩子时，家长就成了一个裁判；当有更多孩子时，家长就要更加关注每个孩子的特点和需求，他们年龄不同，内心独白也就不同。家长不需要盲目追求公平，越强调公平，就越不能具体看到不同孩子的真实内心，只是浪费时间去完善爱得谁多谁少的问题。

在多孩家庭里，父母的爱绝不是泼出去的水，需要“雨露均沾”，父母的爱应该是大地，能包容每个孩子的特性，发展他们的优势，让孩子如同高山一般在自己的位置上高耸入云，虽经历风雨，但仍有一股股暖流远奔心谷。

当孩子们在关系中被照亮，自然就拥有足够的安全感和向上的动力，能勇敢面对外界的一切社交挑战，修整好自己的社交体验，就像找到了黑夜中的灯塔。

电子产品，不会让孩子失去社交

“现在孩子只顾着玩手机，都不出去玩，不懂得处理人际问题了！”

“孩子在幼儿园被欺负，放学后想让他跟小区的孩子多玩玩，他却宁愿在家看手机！”

“自从孩子爱上看手机，跟朋友的矛盾就多了起来，脾气也大了不少。”

家长会认为，长期沉浸在电子世界里的孩子，思维容易被禁锢在虚拟环境中，逐渐失去与外界交流的欲望，缺乏参与集体活动的兴趣，从而导致社交技巧减退，产生欺负与被欺负的问题。同时，孩子会更容易产生失望、冲动、愤怒等消极情绪，因为当习惯于电子产品所带来的精神满足，一旦面对并非完美的现实时，可能觉得困难重重或者不尽如人意。

虽然电子产品可以随时随地和各种认识或不认识的人聊天玩耍，是一种很方便的社交途径，但这种社交是一种“隔空”的浅层社交，过程不涉及任何肢体接触和身体反应，同时也是一种能“躲起来”的回避型社交，孩子可以为了避免当时不愉快的冲突，马上切换游戏或者关机，所以并不能锻炼孩子解决问题的能力。

1. 电子产品不背锅

尽管电子产品存在不足，但我们不能把其污名化，厌恶地把其称为“瘾”。电子产品里的内容确实足够让人增广见闻，有着沉浸式和交互式的丰富体验，在使用过程中，孩子的逻辑分析能力、自主创新能力、对错综复杂情况的判断能力都会得到较全面的发展。

如果说电子产品让孩子失去自己的社交，倒不如说是父母错误的应对方式让孩子失去了社交。那些能够上瘾乃至沉迷的，都是在家庭生活里碰了壁，在现实中没有存在感的精神孤独的孩子，反倒我们要感谢电子产品，让孩子有了暂时喘息和逃离的机会。

除了电子产品这种新科技，曾经的武侠小说、流行音乐、综艺节目、互联网也是当年家长自己教育缺失的“替罪羊”，“怪罪”于它们除了可以把自己的责任甩得一干二净，还可以缓和和消除自己的“年代恐慌”，这种“年代恐慌”就是上一代人对下一代产生担忧，表面上他们担忧的是让人误入歧途的不良资讯或极端内容，实质上他们更多担忧对传统关系的破坏、自己的落伍、与社会的隔阂，焦虑于自己能否与时代接轨、消除代沟。

2. 为什么孩子离不开电子产品?

在信息化时代，想让孩子完全不接触和使用电子产品是不可能的。连成人也是发自内心的喜爱电子产品，那么电子产品对于孩子来说，魅力在哪里呢?

首先是电子产品的交互性，这个特点给了不能经常跟家长交流互动的孩子一个“庇护所”。它让孩子感到被关注，只要按下某一个键，屏幕就会马上有回应，正是这种及时反馈，满足了孩子的掌控权。

其次是电子产品的进阶和奖励，就像有人不断在你耳边喊：“你很棒，你又晋级了！拿了奖励再破下一局！你可以的！”试问被这种满满的成就感包围，谁不会继续努力下去?和家长相比，电子产品不会指责、催促、嫌弃，反而会不断承认自己的那么一丁点儿进步，这带给了孩子在现实生活中很难获得的满足感。

再次是家长的禁止。心理学的“禁果效应”指的是越被禁止的东西，我们就越要得到手。例如家长说：“绝对不能看手机”或者“下星期就让你打一会儿游戏”，那么孩子一下子就会觉得玩手机是全天下最美好的事情了，日常只要一逮住机会就恨不得玩到眼睛痛。家长的强烈否定就是告诉了孩子这件事你不能做主，孩子在好奇心的驱使下，反倒激发了探索欲。

最后是电子育儿成了一种常用的手段和方式。尤其是家长工作繁忙，或者带孩子的长辈们无暇照顾孩子，电子产品在一定程度上成了陪伴的替代品，家长和长辈们也以此换取一些宁静的时间和空间来做自己的事情。此外，现在的家长很多本来就是游戏爱好者，家庭居住环境相对封闭，社会关系疏远，那么电子产品自然就成了孩子最好的伙伴了。

3. 如何让孩子放下电子产品，增加社交活动?

家长首先要对电子产品有正面的态度，收起焦虑、控制和期待，坦然认知它是一种正常的娱乐方式，不要让孩子在玩的时候抱着内疚感和负罪感，那么孩子的状态就是自然的、放松的，是不会蜷缩在虚拟电子世界里的。

（1）当孩子玩电子产品时，帮助选择互动性强的，避免只是被动地接受输入的内容。例如，鼓励孩子玩体感游戏、社群体育竞赛游戏，这些既能收获快乐，也能锻炼身体；又如，让孩子和亲人、小伙伴用视频软件聊天，在互动中加深亲情和友情。

（2）增加社会性活动。家长多抽空跟孩子外出活动身体，很多时候，他们并不是非要玩电子产品，而是没有更加有趣的事可做，加上精力旺盛，所以家长应该多让他们外出“放电”，比如让孩子多接触大自然、游览名胜古迹、郊游爬山、野外露营，也可以约上更多小伙伴。

即使不外出，也可以一起玩桌游、读绘本、搭积木、过家家等趣味性不低于电子产品的“不插电”游戏，或者以电子产品为“名目”，购买孩子喜欢的某一款电子游戏的游戏道具，之后再邀请其他孩子来家里共同进行角色扮演、竞赛活动，提高他们的社会交往能力。

（3）培养更广泛的兴趣。当孩子做自己喜爱的事情，像下棋、踢球、合唱、画画等，是不会对电子产品产生依赖的。而且在这个过程中，有志同道合的孩子共同完成，培养了他们的团队精神和与人相处的能力。

（4）落实使用电子产品的时间。家长跟孩子商讨出几个使用电子产品的时间方案，然后让他们决定哪个方案适合自己，学会对自己的事情负责任，之后，就按照约定的方案来执行。

这个年龄段的孩子没有“一寸光阴一寸金”的想法，有的家长发现孩子的时间观念比较差，那么可以利用闹钟、沙漏等提醒他们遵守时间约定；也可以“提前预警”，就是快要接近约定时间时，适当提醒一下孩子：“再玩五分钟，咱们就要到楼下跟小朋友打羽毛球了”，小孩子并不明白“五分钟”究竟有多久，但我们每次把这个时间限制说出口，能潜移默化地让孩子感知剩下时间的长短；也可以转移注意力，如让孩子帮忙摆放餐具、整理玩具、洗菜洗碗等。

如果孩子违反了约定的时间，家长不要惩罚孩子，因为他们对于时间概念还很懵懂，而是保持温和的态度，不急不躁，逐渐让这种“限时”模式内化于孩子的心里。

4. 家长自身尽力而为就可

我们经常说家长要做好榜样，成人的一言一行都会影响孩子，因此家长在孩子面前应尽量少使用电子产品。平时，除了工作，家长可能还会使用电子产品来打游戏、看剧、聊天等，而有趣的是，我们会发现，让家长在手机这件事上自控，可能比我们要求孩子自控更加难。

家长无须让社会要求成为压在自己心里的一块石头，关于榜样作用，应尽力而为，没有绝对的方法，只有各自的立场，认知自己的立场重新构建自己的时间，实现动态的平衡，接纳自己性格和能力的优势和短板，拥有随时可以抽身出来的能力。

随着时代的转变，网络科技的发展，孩子的玩具也“改朝换代”，使用电子产品跟我们童年时候玩拉笛儿、拍糖纸、翻花绳一样。电子产品并不是什么邪恶的东西，它更不会让孩子失去自己的社交。再说了，如果孩子心理是健康阳光的，不会有任何一样东西会侵蚀到他们的内心，归根结底，家长对孩子爱的满足才是最重要的。

图书在版编目（CIP）数据
不被欺负的力量：让3—7岁孩子无惧社交的心理技巧 / 陈敏莹著.
—北京：中国工人出版社，2023.9
ISBN 978-7-5008-7830-8
Ⅰ.①不… Ⅱ.①陈… Ⅲ.①人际关系–儿童读物 Ⅳ.①C912.11-49
中国国家版本馆CIP数据核字（2023）第156355号

不被欺负的力量：让3—7岁孩子无惧社交的心理技巧

出 版 人　董　宽
策划编辑　李　丹
责任编辑　李思妍
责任校对　张　彦
责任印制　栾征宇
出版发行　中国工人出版社
地　　址　北京市东城区鼓楼外大街45号　邮编：100120
网　　址　http://www.wp-china.com
电　　话　（010）62005043（总编室）
　　　　　（010）62005039（印制管理中心）
　　　　　（010）62046408（职工教育分社）
发行热线　（010）82029051　62383056
经　　销　各地书店
印　　刷　三河市国英印务有限公司
开　　本　880毫米×1230毫米　1/32
印　　张　7
字　　数　150千字
版　　次　2023年10月第1版　2023年10月第1次印刷
定　　价　49.00元